図1.1 国土数値情報による四国の河川ネットワークと四国防災八十八話のサイト（愛媛大学防災情報研究センター，2008）の分布

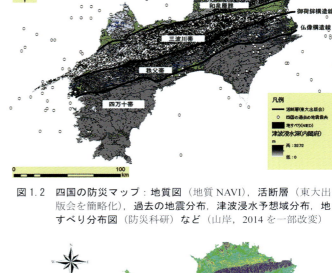

図1.2 四国の防災マップ：地質図（地質NAVI），活断層（東大出版会を簡略化），過去の地震分布，津波浸水予想域分布，地すべり分布図（防災科研）など（山岸，2014を一部改変）

図1.8 GISのバッファー機能で求めた断層（活断層を含む）からの距離ごとの地すべり密度分布図

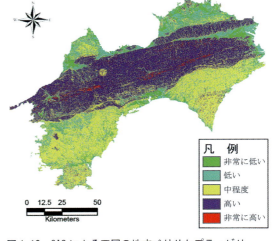

図1.12 GISによる四国の地すべりサセプティビリティマップ

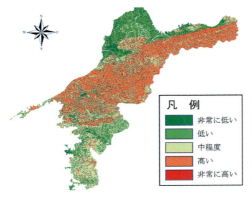

図1.13 GISによる愛媛県の地すべりサセプティビリティマップ

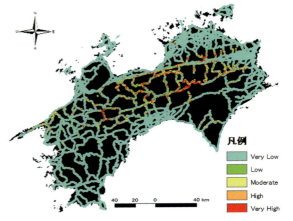

図1.18 四国主要道路を対象とした南海地震時地すべり危険度マップ

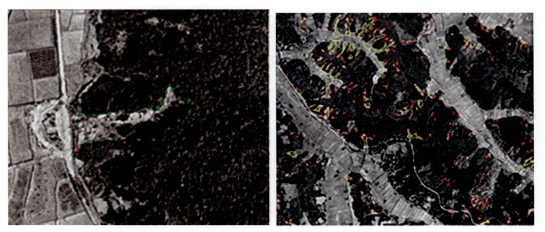

図 2.2　空中写真のオルソ画像上で崩壊地の範囲を描画する様子

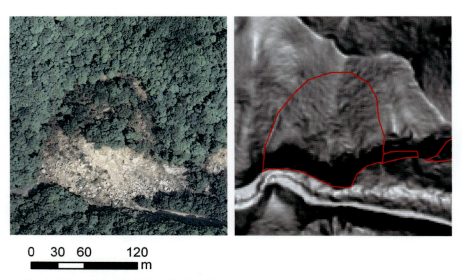

図 2.7　2008 年岩手・宮城内陸地震による岩盤崩壊のオルソ画像（左；2008 年 6 月 16 日）と，発災前の 2m DEM から作成した傾斜図（右；2006 年 9 月。枠線は崩壊部）
宮城県栗原市県道 42 号線沿い，行者滝の西約 700 m。（岩橋, 2008）

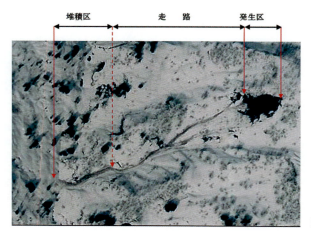

図 3.6　空中写真で認められた全層雪崩の例

図 5.3 地震前の地形と区画の配置
計画案の作成にあたり地震前の地形を把握した．作成した標高モデルと航空写真を使用し，3次元可視化．

図 5.4 新潟大学による区画整理計画案
背面は不整形三角網(TIN)(右図)と航空写真(左図)．右図区画内の数字は上が区画面積，下が区画の標高を示す．

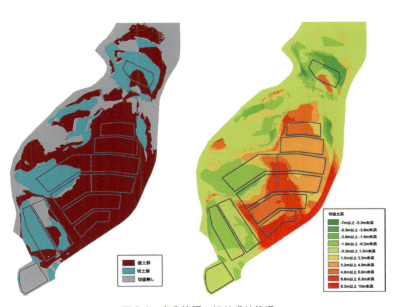

図 5.8 事業範囲の切り盛り状況
切盛土高（右図）は元地形及び計画地形ラスタを用いラスタ演算で両者を差し引くことにより求めた．盛土部と切土部が発生する個所を特定し（左図），変化高に面積を乗ずることにより切盛土量の計算を行った．

図 5.9 計画案の3次元表示
上から順に，南西，東，南方向から事業範囲を俯瞰したものである．

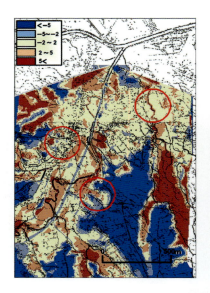 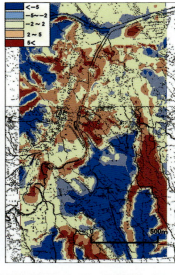

図 6.6 人工的な地形変化の分布
　　　（上が北，単位：m）
　　　　　（小荒井・長谷川，2008b）
（左）改変地形データ（写真）による差分図
（右）改変地形データ（地形図）による差分図

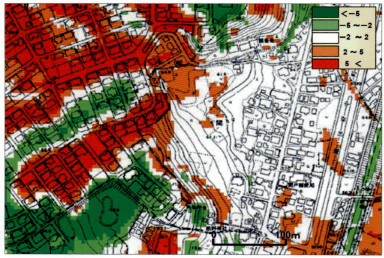

図 6.7 大縮尺盛土・切土分布図（上が北，単位：m）
　　　（小荒井・長谷川，2008b）

図 6.12 盛土の脆弱性評価支援システムの操作画面

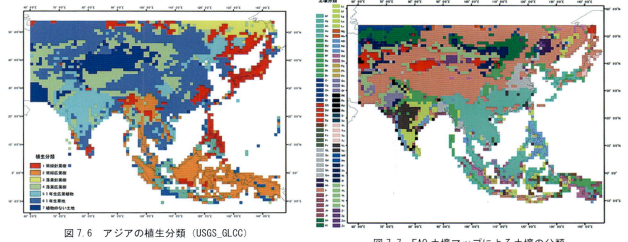

図 7.6　アジアの植生分類（USGS_GLCC）

図 7.7　FAO 土壌マップによる土壌の分類

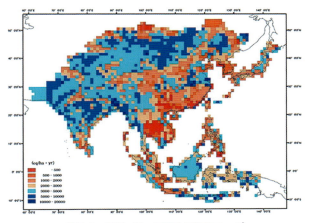

図 7.8　窒素（N）の臨界負荷量マップ

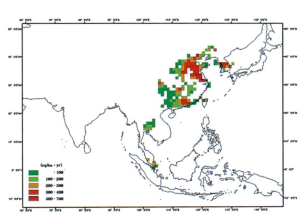

図 7.9　窒素（N）の沈着量の臨界負荷量に対する超過量

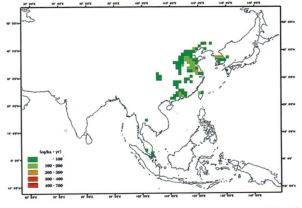

図 7.10　NO$_x$ 排出量を半減した場合の，窒素（N）の沈着量の臨界負荷量に対する超過量

図 8.6　海岸線の写真判読とマッピング

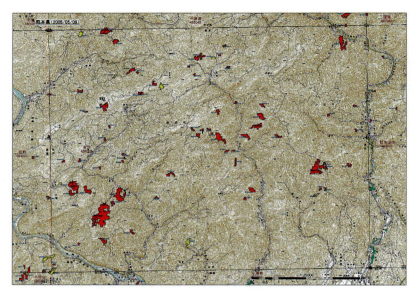

図 9.3　2 万 5 千分の 1 地形図上での抽出伐採地の表示

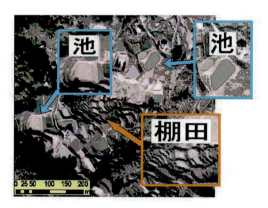 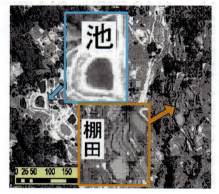

図 10.2　空中写真の判読基準例（左：1976 年カラー写真，右：1984 年白黒写真）

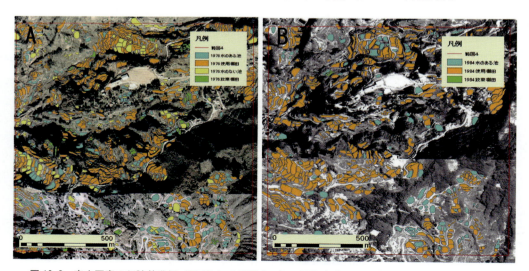

図 10.3　空中写真の判読基準例（図 10.1 の範囲 4，左：1976 年カラー写真，右：1984 年白黒写真）

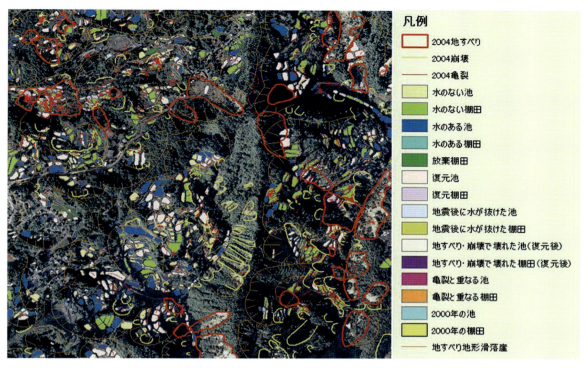

図 10.6 判読した種々の要素（中越地震直後の 2004 年 DMC 画像）

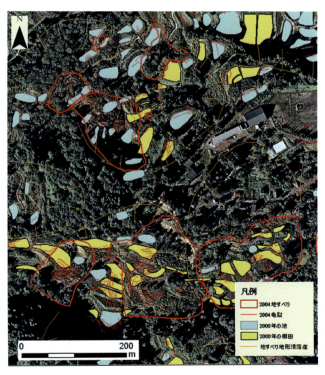

図 10.7 DMC 画像および空中写真の判読結果

背景は 2004 年 DMC 画像。同画像より判読した地すべりおよび，2000 年空中写真と 2000 年オルソ画像より判読した棚田・池を表示し，さらに地すべり地形の崩落崖（防災科学技術研究所）を記入した．

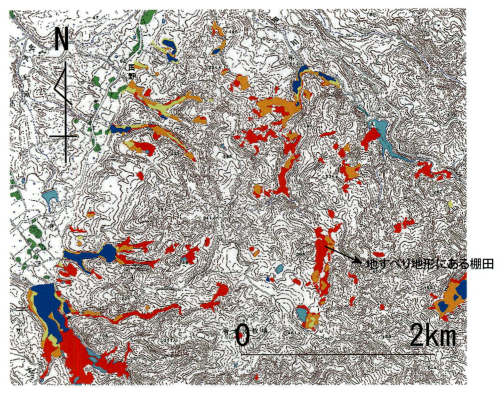

図 10.11　佐渡市旧新穂村周辺の棚田のある地形種（山岸，2008）
1947 年空中写真から判読．地形種を色分けで表示してある．

図 10.12　旧新穂村キセン城周辺の棚田の分布・変遷（山岸，2008）

防災・環境のための GIS

山岸 宏光 編著

古今書院

『防災・環境のためのGIS』編集にあたって

元新潟大学教授・環境防災GISセンター長
前愛媛大学教授・防災情報研究センター
山岸宏光

　編著者である山岸がGIS（Geographical Information System；地理情報システム）を知ったのは2000年にネバダ州レノで開催されたアメリカ地質学会のワークショップであった。そこでは主に資源探査技術のひとつとして紹介されたと記憶している。その後，当時在職していた新潟大学の研究室にGISのソフトを導入したのが2003年ころで，主にがけ崩れ災害や地すべり災害に応用したのが最初であった。しかし，GISは今や，社会，経済，交通，流通，医療，防災，環境，資源など，広い分野におよんで社会に広く入り込み，GISをGeographical Information Societyとまで言われるまでになっている。

　本書を企画したのは，編著者が新潟大学でのGISの経験やネットワークでの繋がりに基づいている。折りしも2004年には7月の豪雨災害と同年10月の中越地震という2つの大規模な災害が発生して，「にいがたGIS協議会」が結成され，新潟大学ではサイトライセンスが導入されるという気運になった。そこで編著者は2006年に新潟大学GIS研究会として，外国の研究者も招待して「GISで何ができるかー世界と日本ー」という国際ワークショップを開催した。教育面では「空間情報実習室」も2年かけて開設した。2007年には，新潟大学自然科学系環境・防災GISセンターを立ち上げた。さらに，同年には国際会議「国際GISフォーラムNIIGATA：地球温暖化・防災・景観のために」を開催した。こうした実績をもとに，「環境・防災のためのGIS」（このタイトルは2011年3月の東日本大震災を受けて，『防災・環境のためのGIS』に変更した）に関する研究を紹介する書籍を出版することをセンター運営委員会で了承された（2007）。しかし，それから10年近く経過してしまいデータも古くなったことは否めない。編著者は新潟大学を定年で退職後，愛媛大学防災情報研究センターで防災GISに従事し，愛媛大学GIS研究会を立ち上げ，GIS day in 四国を開始した。その後，このイベントは，徳島大学，高知大学でも実施されるようになった。

　さて，編著者が住んでいた四国においては，南海・東南海地震が襲ってくると言われ続けてきたが，2011年3月11日の東日本大震災は，南海トラフ巨大地震の発生が現実味をもって受け止められている。内閣府が津波などの新たな想定の中間報告（2012年3月），それにつづく最終報告（2012年8月）は九州・四国・紀伊・東海の海岸地域に大規模な津波が襲うとされ，そこに住む住民に大きな衝撃をあたえた。わが国の災害GISに関する調査・研究は，1995年1月の阪神淡路大震災にはじまり，2004年10月の中越地震，2007年7月の中越沖地震と大災害のたびに，飛躍的に進歩してきた。したがって，当然のことながら，2万名に近い死者・行く不明者を出した2011年3月東日本大震災の直後から今日まで，さまざまな分野でGISが活躍していることは論をまたない。しかし，本書の企画から10ちかく経過してしまったが，基本は変わっていない。

　環境問題についても，津波によってすべての電源が消失した東京電力福島第一発電所の大事故は，目に見えない放射能汚染というあらたな環境問題が提起させた。また，新潟県佐渡では，2009年秋

からトキ保護センターからの自然放鳥が実施され，2012年4月には野生での孵化が確認された。このようにトキ問題も大きく進展した。

　本書は，序としてGISの歴史，第Ⅰ部 防災GIS　第1章 四国の地すべりデータベースの構築とハザードマップの試み，第2章 GISを用いた斜面崩壊の解析法，第3章 雪崩防災とGIS，第4章 効果的な災害対応を支援するための地図活用，第5章 農地復旧のためのGISの活用，第6章 時系列地理情報を活用した盛土の脆弱性評価，第Ⅱ部 環境GIS　第7章 窒素酸化物による大気汚染と生態系への影響，第8章 油汚染による海岸の環境脆弱性を示す情報図，第9章 九州における再造林放棄地の実態把握，第10章 空中写真とGISによる棚田景観の変遷と破壊，第11章 野生動物の生息地保全のための空間情報技術　の計12編の論文からなる。

　序章では，コンピューターのなかった19世紀半ばにイギリスのロンドンでのコラレの発生源が，ひとりの医師によってある井戸であることが特定された。つまり，患者の位置情報を地図にプロットすることにより原因を解明するといったことがGISの概念のはじめであることに始まり，今日までのGISの歴史を概説している。第Ⅰ部の第1章と2章は山地が多く雨が多量に降るわが国の代表的な土砂災害を扱ったものである。第1章は合計30,000箇所を数える四国地方の地すべり地形分布図からデータベースを構築し，GIS技術により工学的にハザードマップの作成を試みたものである。第2章は，近年の集中豪雨や地震によって発生する無数のがけ崩れ（崩壊）を斜面傾斜や地質との関連でGIS解析手法を平易に解説したものである。とくに，2004年の7月の福島・新潟豪雨による無数の斜面崩壊について，DEM（デジタル標高モデル）を活用した解析法を紹介し，GISによる斜面崩壊のその他の解析法や必要なデータなどを紹介している。筆者らの実践経験にもとづいた実用的な教科書となっている。第3章は積雪地域の雪崩災害をGISで扱った論文である。2004年10月の中越地震をへた新潟県の中山間地は積雪も多く，雪崩も多発した。この事象を対象にわが国の雪崩研究の第一人者である著者が，流体力学的な視点から，GISによって解析したものである。第4章は2007年7月に発生した中越沖地震の発生直後から，主に柏崎市の水道などインフラストラクチャーの復興支援として実施した事例研究である。当初は，柏崎市から新潟県災害対策本部に送付される復興状況は紙の表データをファクスで送られていた。しかし，これでは住所のわからない県職員はその把握に手間取っていた。そこで，表データをGISで地図化して早急に対策本部におくるシステムがはじまり，大きな成果をあげた。このシステムは当時，ESRI International User Conferenceでの表彰をはじめ，わが国では国務大臣賞や新潟県知事賞など数々の受賞にかがやいた。著者はそのシステムをつくった責任者である。また，この災害を契機に罹災証明発行システムも開発され，2011年3月の東日本大震災でも生かされ発展し活用された。第5章は，同じく2004年10月の中越地震によって旧山古志村や小千谷市の破壊された棚田復旧計画について，農業土木が専門の著者が提案した棚田の区画整理の案である。これをたたき台として新潟県など行政担当者と共同して進められた。本書の第9章とあわせて読んでいただければ，今後全国の中山間地で発生する可能性のある棚田の破壊と復興のモデルの提起になるかも知れない。ただし，東日本の棚田の畦畔（けいはん：あぜ）は土であり，西日本のそれは石（あるいはコンクリート）であるため，同じ地震が発生しても破壊のされ方は異なるであろう。第6章は地震時の盛り土崩壊に関する国のガイドラインの解説で，旧地形図や過去の空中写真などの時系列情報を使ってGISで国土の変遷を解明し，さらにこれらをもとに，盛土，切土の地域を抽出し，とくに盛土の脆弱性を種々の手法を紹介して評価を行った。

第II部は環境GISである。　第7章は，酸性雨の監視をしている新潟県酸性雨センターに属する著者が，日本では目立たなくなった大気汚染問題を扱ったもので，最近急速に経済発展している中国などアジア各国から排出される窒素酸化物の発生源地域の土壌，植生などをGIS技術により解明している。第8章は，1997年1月に日本海で発生したロシアのタンカー ナホトカ号の座礁による大規模な油汚染を契機として使われるようになったGISによるESIマップ（環境脆弱性指標地図）を紹介している。第9章は，著者が九州大学在職中にまとめた研究で，林業人口の減少などにより，造林地が伐採後に放棄されたままになって，森林の保水機能や土砂流出防止機能が低下している問題をGISとリモートセンシングで解明しようとするものである。第10章は，2004年10月の中越地震により破壊された棚田景観をGISと空中写真，デジタル画像を使って，その破壊の様相を地震前と後を比較したものである。また，トキが最後まで生息して餌場としていた佐渡の中山間地の棚田の変遷も扱っている。第11章は，地球規模で環境の破壊が進み，長距離に移動する渡り鳥にとっても深刻な問題を取り上げている。それは生息地はもとより，渡りの間に立ち寄る休息地も環境破壊や汚染が進んでいると言われているからである。そうした問題を解明し，生息地を保全するための研究はGISやリモートセンシング技術により大幅に改善されつつあるという。この論文は，この問題の第一人者である著者による渡り鳥の衛星追跡の手法を紹介したものである。

　本書が企画されてから，すでに10年を経過してしまった。その間に2011年3月に東日本大震災が発生したり，その後も最近では2016年4月には熊本地震も起こり，UAV（ドローン）も一般的になり，GISや画像システム技術は急速に進歩した。しかし，わが国で出版されたGISに関する書籍は文科系が多い傾向にあり，またマニュアル的な出版物が多いようである。本書は理学系，工学系，農学系などの自然科学系の論文を主としており，GISが自然科学でも有用な学際的なツールであるかを示したつもりである。本書でとりあげた分野だけでなく，今後はますます広い分野に広がっていくであろう。快く原稿を書いていただいた17名の著者の方々には感謝するとともに，原稿提出から10年近くも経てしまったことをお詫びする。最後に，この企画を引き受けて編集していただいた古今書院の橋本寿資氏・原　光一氏には謝意を表する。

2018年5月

目　次

『防災・環境のための GIS』編集にあたって　山岸宏光 ——————————————— i

序　GIS の歴史　小口　高 ————————————————————————— 1
  1　1950 年代以前　1
  2　1960 〜 70 年代　2
  3　1980 年代〜現在　3
  4　GIS の歴史と環境・防災　4

第 I 部　防災 GIS

1　四国の地すべりデータベースの構築とハザードマップの試み
      バンダリ　ネトラ　プラカシ・山岸宏光・矢田部龍一 ——————————— 6
  1.1　はじめに　6
  1.2　四国防災 GIS マップ　6
  1.3　GIS による四国の地すべり地形分布の地質・地形解析　7
  1.4　四国の地質および地すべり発生の現状　9
  1.5　地すべり地形の工学的評価について　10
    （1）地すべり地の地盤工学的位置付け　10
    （2）GIS を用いた地すべりデータベースの構築　11
    （3）地すべりの工学的評価方法　11
    （4）地すべりサセプティビリティマップ　12
    （5）四国と愛媛県の地すべりサセプティビリティマップ　15
  1.6　四国山間地の道路ネットワークにおける南海トラフ巨大地震による地すべりハザード評価　15
    （1）地すべり地形データの加工　17
    （2）地すべり地における地形的特徴の入力　18
    （3）南海トラフ巨大地震を想定した道路地すべりハザード評価　19
    （4）道路地すべりハザード解析結果　21
    （5）南海トラフ巨大地震による地すべりハザード評価のまとめ　22

2 GISを用いた斜面崩壊の解析法 —実践経験にもとづいて— 岩橋純子・山岸宏光 ——— 24

 2.1 GISデータの作成または収集 24
  (1) 崩壊分布図 24
  (2) 地形データ 27
  (3) 崩壊の誘因に関する主題データ 28
  (4) その他の主題データ 28
 2.2 縮尺を考慮したデータ選択とデータ規格の統一 29
 2.3 データのオーバーレイ 30
 2.4 複数データの属性結合および分析 31
 2.5 多変量解析 32
 2.6 大縮尺データの分析 34
 2.7 まとめ 36

3 雪崩防災とGIS 西村浩一・平島寛行 ——— 39

 3.1 はじめに 39
 3.2 雪崩の発生メカニズム 40
 3.3 GISを活用した危険度の予測 40
  (1) 中越地震被災地における全層雪崩の発生危険度予測 40
  (2) 積雪変質モデルを用いた雪崩発生危険度の予測 43
 3.4 GISを活用した雪崩運動モデルの開発 45
  (1) 雪崩の運動モデル 45
  (2) 質量中心モデル 45
  (3) 連続体モデル 46

4 効果的な災害対応を支援するための地図活用
  —2007年新潟県中越沖地震から学ぶこと、そして未来へ向けて— 浦川 豪 ——— 49

 4.1 活動の背景 49
 4.2 地図作成班の活動の実際 50
  (1) 地図作成班のミッションと役割 50
  (2) 地図作成班の運用 52
  (3) 地図作成のための情報処理 54
 4.3 地図作成班の成果物 57
 4.4 活動から学ぶこと 58
 4.5 災害発生時に効果的にCOPを構築するために 58

5 農地復旧のためのGISの活用
  —中越地震被災地における棚田の区画整理— 吉川 夏樹 ——— 63

 5.1 はじめに 63

- 5.2 中山間地域における GIS の利用　63
- 5.3 対象地区の概要　65
- 5.4 新潟大学による棚田再生案の考え方　66
  - （1）農作業の能率向上　66
  - （2）圃場管理作業の負担軽減と安全性の確保　68
  - （3）過剰な盛土部の回避　68
  - （4）将来の農業条件変化への対応性　68
  - （5）景観への配慮　69
- 5.6 おわりに　69

6　時系列地理情報を活用した盛土の脆弱性評価　小荒井　衛・長谷川裕之・中埜貴元 —— 71

- 6.1 はじめに　71
- 6.2 ガイドラインの第一次スクリーニングの概要と必要な地理情報　72
  - （1）第一次スクリーニングの概要　73
  - （2）第二次スクリーニングの概要　74
- 6.3 国土変遷アーカイブ事業と時系列地理情報の利活用研究　74
- 6.4 時系列地理情報を活用した盛土・切土の抽出手法とその精度　75
  - （1）対象地域と使用データ　75
  - （2）地形図からの地形データ取得とその精度評価　75
  - （3）空中写真からの地形データ取得とその精度評価　76
  - （4）地形データ（DEM）の作成と比較　76
  - （5）改変地形データの作成と比較　77
  - （6）適切な盛土・切土の抽出手法について　79
- 6.5 新旧地形差分データを用いた盛土の地震時脆弱性評価　79
  - （1）盛土の地震時脆弱性評価手法の現状　80
  - （2）盛土脆弱性評価手法の検証　80
    - ① ガイドライン点数方式　81
    - ② 数量化Ⅱ類方式　82
    - ③ 簡易側方抵抗モデル　82
  - （3）「簡易側方抵抗モデル」を基にした統計的なモデルの構築　83
    - ① 統計的側部抵抗モデル　83
    - ② 統計的三次元安定解析モデル　84
  - （4）盛土の脆弱性評価支援システムの構築　85
- 6.6 おわりに　86

第II部　環境GIS

7　窒素酸化物による大気汚染と生態系への影響　山下　研　90
- 7.1　はじめに　90
- 7.2　窒素酸化物の発生・拡散と酸性雨の生成　90
  - (1) 酸性雨のしくみ　90
  - (2) 窒素酸化物の発生源インベントリ　90
  - (3) 長距離化学輸送モデルによる窒素酸化物の沈着量計算結果　91
- 7.3　GISを利用した生態系への影響推計　92
  - (1) 窒素酸化物沈着の臨界負荷量の計算　92
  - (2) アジア域の植生データの取り込みと $Nu+Ni$ の決定　93
  - (3) FAO-Soilmapからアジア域の土壌データの利用　95
    - ⅰ) ArcGISへの取り込み　95
    - ⅱ) グリッド毎の最頻値の導出　95
  - (4) 窒素の臨界負荷量（$CL_{max}N$）の計算　97
  - (5) 臨界負荷量を超えた窒素（N）の沈着量の計算　97
- 7.4　大気汚染物質の排出量を削減する方法とその効果及び費用　97

8　油汚染による海岸の環境脆弱性を示す情報図　濱田誠一・沢野伸浩　101
- 8.1　はじめに　101
- 8.2　ESIマップの目的と整備状況　101
- 8.3　ESIマップに示される情報　102
- 8.4　GISを用いた海岸情報図の作成方法　104
- 8.3　海岸地形の分類　105
- 8.4　海岸の評価方法－特に礫海岸の評価方法について－　108

9　九州における再造林放棄地の実態把握　村上拓彦　110
- 9.1　再造林放棄地プロジェクトの概要　110
- 9.2　リモートセンシングデータを用いた伐採地の抽出　110
  - (1) リモートセンシングデータの処理　111
  - (2) 差画像の作成と分類　112
  - (3) 抽出伐採地のチェック　112
- 9.3　抽出伐採地の内訳　112
- 9.4　再造林放棄地の分布状況　114
- 9.5　プロジェクトにおいてGIS, リモートセンシングが果たした役割　116

10　空中写真とGISによる棚田景観の破壊と変遷
　　－旧山古志村と佐渡を例に－　山岸宏光・波多野智美 ────── 118
　10.1　はじめに　118
　10.2　旧山古志村の棚田・池の変遷と地震による破壊　118
　　（1）旧山古志地域の棚田と池の変遷　118
　　（2）中越地震による棚田・池の崩壊・亀裂　120
　　　　① 空中写真による判読区分　120
　　　　② 棚田・池と亀裂の関係　121
　　（3）中越地震による棚田・池への影響度　122
　10.2　野生トキの絶滅と棚田変遷　123
　　（1）佐渡市旧新穂村周辺の棚田の原地形と変遷　123
　　（2）GISを活用した棚田変遷の検討　124

11　野生動物の生息地保全のための空間情報技術
　　－渡り鳥の衛星追跡手法－　島﨑彦人 ────── 126
　11.1　はじめに　126
　11.2　衛星追跡手法の概要　126
　11.3　渡り鳥とその生息地の保全の背景　129
　11.4　渡り鳥の位置データの収集と解析　130
　11.5　行動圏と資源選択性の地域規模での解析　132
　11.6　衛星追跡手法の利用上の注意点と今後の展望　133

索　引 ────── 137

著者略歴 ────── 143

序 GISの歴史

小口 高

　GISは1960年代に登場した比較的新しい技術・概念であり，その本格的な普及は欧米では1980年代以降，日本では1990年代以降である。現在では環境問題や防災などの多くの分野でGISが活用されている。一方，GISは1950年代以前における地理学とその関連分野の発展とも関係している。

　本稿ではGISの発展過程について，1950年代以前の前史を含めて簡単に紹介する。なお本稿はForesman (1997) *The History of Geographic Information Systems*, Prentice Hall に代表される文献と，インターネット上の情報に基づいて記述されているが，参照した文献と情報が多岐にわたるため，使用した図に関するもの以外の引用を省略したことをご理解願いたい。

1 1950年代以前

　複数の要素を地図上に表示し，事象間の関係を考察する試みが19世紀から行われていた。これは，GISの最も基本的な機能の一つである「レイヤーのオーバーレイ」を手動で行ったものとみなされる。

　この手法の有効性を示した代表例は，英国人医師ジョン・スノーによるコレラの伝搬経路の研究である。彼は1854年にロンドンでコレラが大発生した際に，井戸，死者，および道路の分布を重ね合わせた地図を作成し，一つの井戸の周囲に死者が集中していることを発見した（図1）。続いてその井戸の状況が詳しく調査さ

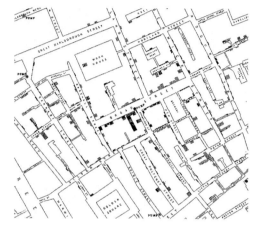

図1　ジョン・スノーが作成したコレラ死者と井戸の分布図（Snow, J., 1855. On the Mode of Communication of Cholera, 2nd Ed, John Churchill, London）
　　一つの井戸の周囲に死者が集中している。

れ，汚染水の流入が実際に確認された。この結果は，コレラが空気を介して伝搬するという当時の学説を覆し，水を介して伝搬することを証明した。

　GISは地理空間に関する属性情報を整理してコンピュータに格納し，効率的な分析を可能とする。この先駆とみなされるものは，米国人ハーマン・ホレリスが19世紀末に開発した情報集計システムである。彼は国勢調査の集計作業を効率化するために，パンチカードの記録を高速で読み取って情報を集計する機器を作製した（図2）。この機器は1890年の米国の国勢調査結果を集計する際に導入されて大きな成功を収め，続いて他国の国勢調査や保険企業の顧客情報の管理などに利用された。

図2 ハーマン・ホレリスが開発し1890年の合衆国国勢調査で使用されたパンチカードの読み取り・集計システム（Eames, R. and Eames, C., 1973. A Computer Perspective: Background to the Computer Age. Harvard University Press, Cambridge, MA.）
手前の読み取り機にパンチカードを通し，読み取った結果が奥のカウンターに加算されていく。

図3 SAGEの操作用コンソール（ウィキペディア・コモンズより）。
アクリルケースに収められた銃のようなツールを使って，レーダー画面上の航空機を選択し，属性を閲覧する。

ホレリスは同様の機器を扱う企業を創立したが，それは他企業との統合を経て1924年にIBMへと改組され，20世紀中盤から世界のコンピュータ産業を先導した。これはホレリスの発明が，多量の情報の記録と高速な解析というコンピュータと共通の目的を持っていたことを反映している。その発明のきっかけが，国勢調査という地理空間に関する情報の処理であったことは注目に値する。

20世紀にはGISの一つの基礎であるコンピュータに関する技術が発達した。歯車や機械的なスイッチなどを用いて計算を高速化するシステムは19世紀から存在したが，すべての計算を電子的に行うコンピュータが，1939年にアイオワ州立大学のジョン・アタナソフとクリフォード・ベリーによって発明された。まもなく，メモリ上にプログラムを配置して実行することにより，多様な計算を可能とするノイマン型コンピュータが開発され，今日のコンピュータの基礎が築かれた。その成果を用いて商業用の大型コンピュータがIBMなどによって作製・販売された。

IBMは種々の国家プロジェクトに関与したが，その代表例は1950年代に米空軍が整備したSAGE（半自動式防空管制組織）である。SAGEは多数のレーダーによって得られた情報を集約し，敵航空機の認定と追跡をリアルタイムで行いつつ，最良の迎撃態勢を迅速に判断するためのシステムである。SAGEは巨大なコンピュータに依存しており，ブラウン管の画面には航空機の飛行軌跡が表示され，その画面を見ながらオペレータが各航空機を選択し，その属性を確認することができた（図3）。これはGISと類似の機能であり，実際にSAGEを見学したワシントン大学の研究者は，地理学の研究にコンピュータを導入する必要性を認識した。

当時のワシントン大学では，いわゆる「計量革命」が進行しており，人文地理学の研究に統計学的な手法が導入されるようになった。自然地理学の分野では，計量化の動きがやや先行して生じており，たとえば水系網に関するホートンの法則が1945年に提唱された。このような地理学全般における定量的な研究の増加も，地理学とコンピュータとを結びつける動機となった。

2　1960〜70年代

世界最初のGISは，ロジャー・トムリンソンが1960年代に開発した「カナダGIS」である。当時のカナダでは，都市への人口集中が進行し

て農村部の環境が悪化しつつあり，放棄された農地の保全などが急務となっていた．この問題に対応するために，航空測量会社に勤務していたトムリンソンは，カナダ政府に地図データのデジタル化とコンピュータによる管理を提案した．この提案は採用され，彼は政府に雇用されてプロジェクトの中心を担った．さらに IBM もプロジェクトを支援し，最新のコンピュータなどを提供した．トムリンソンが考案した多くの要素が，現行の GIS に引き継がれているため，彼は「GIS の父」と呼ばれている．ただし，当時のコンピュータには速度やメモリ容量などに関する限界が多く，システムの実際の運用は困難を伴った．

カナダ GIS は特定の目的のために開発された大規模なシステムであったが，同じ頃にハーバード大学のコンピュータグラフィックス研究所では，当時徐々に普及しつつあった大型コンピュータやラインプリンタなどを用いて地図を描く汎用的なソフトウエアを開発し，それを販売して資金を得ていた．1970 年代に入ると同研究所は ODYSSEY と呼ばれる本格的な GIS ソフトウエアの開発に取り組んだ．複数のモジュールで構成される ODYSSEY は，現行の GIS ソフトウエアの原型とも呼べる優れたものであったが，購入者は少数であり，商業的には失敗に終わった．

1970 年代には合衆国で官製の空間データのデジタル化が進行し，統計局や地質調査所がデータの標準フォーマットを設定した．日本でも，統計局が「標準地域メッシュ」を設定し，国土庁が国土数値情報の整備を開始するなど，空間データのデジタル化が徐々に進んだ．

3　1980 年代〜現在

1981 年に，合衆国の ESRI 社が商用 GIS ソフトウエア Arc/Info を発表した．Arc/Info は，ODYSSEY の開発に関与した後に ESRI 社に雇用されたメンバーを中心に開発された．Arc/Info は当時利用が増えつつあったワークステーションと親和性が高く（図 4），欧米では 1980 年代に官公庁などが積極的に GIS を導入したため，商業的に大きな成功を収めた．

その後，ESRI 社は，ArcView，ArcGIS などのデファクトともいえるソフトウエアを発表し，世界最大の GIS 企業へと発展した．ただし ESRI 社が 1969 年に創立された際には，環境の構成要素を分析するためのコンサルタント業務を目的としており，それは会社の正式名称である Environmental Systems Research Institute からも伺える．環境の分析には優れた GIS ソフトウエアが不可欠なことが認知されたために，1970 年代に会社の主な目的がソフトウエアの開発と販売へと移行した．

1990 年代に入ると，商業ソフトウエアを用いて GIS を多分野に応用する動きが加速した．この理由として，PC の性能が大幅に向上し，普通のコンピュータで GIS を運用できるようになったことと，PC 用の GIS が従来よりも安価で提供されたことが挙げられる．また，官製データのデジタル化と配布が進んだことも GIS

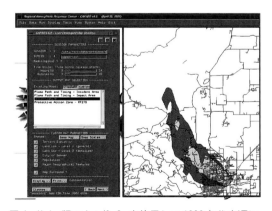

図 4　Unix 版の Arc/Info を使用して 1990 年代中頃に開発された大気汚染分布モデル
（Hodgin, R., Ciolek, J., Buckley, D.J. and Bouwman, D., 1997. Integrating atmospheric dispersion modeling with ARC/INFO: a case study of the regional atmospheric response center, Denver Colorado. In Proceedings, 1997 ESRI International User Conference, ESRI, Redlands）

の普及を促進した．特にインターネットによってデータの検索や配布が容易になったことが重要であった．さらにインターネット上で動的な地図を配信するためのWeb-GISも普及した．

1980～90年代は，GISが学問の一分野としての地位を確立した時期でもある．1986年にはピーター・バーローが世界最初のGISの教科書である"Principles of Geographical Systems for Land Resource Assessment"を著し，翌年にはGISの専門学術誌である"International Journal of Geographical Information Systems"が創刊された．また合衆国では1988年に，GISに特化した研究機関としてNational Center for Geographic Information and Analysis（NCGIA）が3つの大学に設置された．日本では1991年に地理情報システム学会が設立され，1998年にはGISの専門研究機関として東京大学に空間情報科学研究センターが設置された．

1990年代以降には，空間データを国家全体の基盤として整備する動きも進んだ．1995年にはNSDI（National Spatial Data Infrastructure）に関する大統領令が合衆国で発令され，日本でも，2007年に「地理空間情報活用推進基本法」が制定された．さらに，Digital Chart of the WorldやSRTM DEMのような，全球をカバーするGISデータも整備された．

4　GISの歴史と環境・防災

上記のように，環境問題への対処の必要性がGISの開発や発展の動機となった例がいくつか存在する．たとえば，世界最初のGISは過疎化にともなう農村部の環境の悪化に対処するために構築され，ESRI社は環境問題の分析を行うためにGISソフトウエアを開発し始めた．これは，環境問題が自然と人文に関する多数の要素と関連しており，とくに要素の空間分布に強く依存していることを反映している．

現在でもGISは環境問題の分析に頻繁に使われており，官公庁がそれを支援する動きも活発である．たとえば米国環境保護庁（EPA）は，BASINSと呼ばれる流域環境を分析するためのGISソフトウエアを作製しており，日本の環境省の生物多様性センターは，植生や水環境に関するGISデータを整備している．いずれの場合も，成果はウェブサイトで公開されており，ソフトウエアやデータを自由にダウンロードすることができる．

防災に関する課題も，自然と人文に関する多くの要素と関係する点で環境問題と類似しており，GISが有効な分野である．たとえば降雨，地形，植生，土壌特性などの要素をオーバーレイし，土壌侵食速度の分布を推定する方法が，GISの典型的な利用例として教科書などで紹介されており，欧米では1980年代から農地などに適用されている．同様の手法は，斜面崩壊の発生しやすさ（サセプティビリティ：susceptibility）の分布を推定する際にも利用されており，地形・地質などの要素とともに，過去に発生したイベントの履歴や統計的に得られた経験式を利用した総合的な検討が行われる．

GISは災害が発生した後に，罹災状況を確認したり復興を支援したりする際にも有効である．米国には大規模災害に対応する官庁として連邦緊急事態管理庁（FEMA）が設置されているが，ここではGISが頻繁に利用されており，2005年のハリケーン・カトリーナに関するGISデータなどがウェブサイトで提供されている．

今後も，本書のように環境問題や防災などの種々の課題にGISが活用されていくと考えられる．その際には，対象分野におけるGISの導入と発展の歴史的経緯を理解しておくことが重要である．なぜなら，過去の進歩の背景を知ることにより，現在何を行うべきかを客観的に判断することができ，さらに今後の発展のためのアイデアも得やすくなるからである．

第Ⅰ部
防災GIS

1 四国の地すべりデータベースの構築とハザードマップの試み

バンダリ ネトラ プラカシ・山岸宏光・矢田部龍一

1.1 はじめに

　四国の面積は 18,297 km² で，日本の国土全体の 5 ％を占めていて，平地は少なく，15 度以上の面積は 78 ％に達している。つまり，全国平均 48 ％と比べて，急峻な地形が多い。したがって，地すべり地形をはじめとして，斜面災害も多いことが知られている（国土交通省四国地方整備局四国山地砂防事務所，2004）。活火山こそ存在しないが，中央構造線という一級の活断層も走っており，わが国の他の地域とひけをとらず災害ポテンシャルの高い地域である。また，台風の通過しやすい地域でもあり，それが 10 個もわが国に上陸した 2004 年には，愛媛県新居浜地域で，同年の 7 月新潟豪雨によると同様に豪雨による同時多発型斜面崩壊が発生した（Yamagishi et al., 2013；山岸ほか，2015）。同じ 2004 年 10 月には新潟県中越地方では直下型地震が発生して，多数の斜面災害が発生した（ハス バードルほか，2014）。また，2011 年 3 月 11 日に発生した東日本大震災は，同じように大規模な災害をもたらす海溝型の南海トラフ巨大地震をして現実味を帯びさせており，その防災対策も急がれている。

　こうした状況にあって，筆者らは四国地方の種々の防災を考える上での基礎データとして，最近の GIS（地理情報システム）の手法により，土砂災害などの過去の災害のデータベースをマップ上に整備していくことが重要と考えて，最近の公共機関からの基礎データを使って，「四国防災 GIS マップ」を試みている（山岸，2013）。また，その一環として，防災科学技術研究所が 2008 年 12 月から発信を開始した四国地方の地すべり地形分布図を基に，GIS を活用した地すべり分布と地形・地質要素との関連を検討して，将来の地すべりハザードマップの基礎資料の作成を試みた。本文では，1）地すべりの工学的評価に基づくハザードマップの作成と，2）南海トラフ巨大地震を想定した山間地道路ネットワークのハザードマップの試みについて述べる。

1.2 四国防災 GIS マップ

　GIS データにより，斜面災害などの過去の災害をまとめ，そのポテンシャルを把握するためにデータベースを作成していくことは，今後の災害予測やハザードマップを作成するための基本となる。四国地方においても，国土地理院の基盤地図情報（10 m_DEM などの標高データ）の整備もほぼ終了している。また，その他の公共機関からの情報を入手すれば，予算もあまりかけずに GIS マップの作成が可能になってきた。その手始めとして，四国の過去の災害を四国八十八箇所になぞらえた四国防災八十八話（愛媛大学防災情報研究センター，2008）のサイトを記入したマップ（図 1.1）を作成した。また，図 1.2 に四国の災害要素である活断層，過去の地震分布，津波浸水予想域，地すべり分布を示

図1.1 国土数値情報による四国の河川ネットワークと四国防災八十八話のサイト
(愛媛大学防災情報研究センター，2008) の分布 (口絵参照)

した。以下にとくに地すべり地形分布と地質との関連などを GIS で解析した例を述べる。

1.3 GIS による四国の地すべり地形分布の地質・地形解析

自然および人工斜面の災害としては地すべりとがけ崩れ（崩壊）がある。両者は斜面変形や崩壊現象が家屋の倒壊，道路や鉄道などの交通機関の途絶，通信施設などの公共施設の破壊等，人的，物的，経済的被害をもたらす。これらの災害は，社会の発展に伴う人間の生活範囲の広がりにより，その被害も増大する。最近では，こうした被害を少しでも軽減できるような土砂災害防止警戒区域の指定などソフト的な研究や対策が実施されているが十分ではない。

山地や丘陵あるいは台地の斜面の一部で，斜面の平衡状態が破られて，地塊が下方あるいは側方へ移動していく現象を一般にマスムーブメント（あるいは slope movement）と呼んでいる。この slope movement について，Cruden & Varnes (1996) は，運動様式として，Fall（落下），Topple（トップル），Slide（すべり），Flow（流動）などに区分している。このような現象は地震や豪雨等の自然の誘因によって誘発されるだけでなく，道路建設や宅地造成に伴う斜面の頭部載荷等の人為的誘因によっても誘発される。わが国では，Fall（落下）を"崩壊"とよび，Slide（すべり）は"地すべり"とよんでいる。また，Flow（流動）は土石流・泥流などと呼んでいる。これらのうち，本文ではこの"地すべり"について述べる。

一般に，地すべりは，斜面構成物質が団塊（マス）として斜面の摩擦力に抵抗して緩慢かつ継続的に活動する現象である。土質力学的に見れば，それは土が残留状態において変位を生じている現象である。また，地すべりはある特定の地質状況を有する地域に密集して発生しやすい。

日本での地すべりの地質的分類は大きく分けて第三紀層地すべり，破砕帯地すべり，温泉地すべりの3つがよく知られているが，四国の多くの地すべりは破砕帯地すべりとされている。破砕帯地すべりは地質構造線，または断層線に沿って岩石が破砕された地帯に発生する地すべりである。四国の破砕帯地すべりの発生地帯は，主として三波川帯，御荷鉾帯（図1.2）および

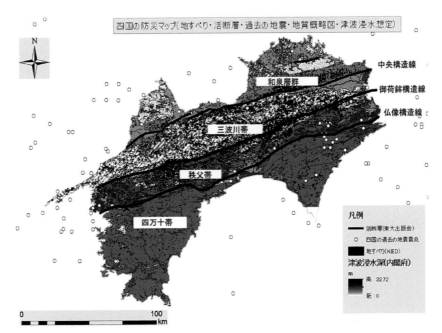

図1.2 四国の防災マップ：地質図（地質NAVI），活断層（東大出版会を簡略化），過去の地震分布，
津波浸水予想域分布，地すべり分布図（防災科研）など（口絵参照）（山岸，2014を一部改変）

これに貫入した蛇紋岩地帯で発生しやすい。これらの地帯では，岩石構造や断層により岩石がブロック化，粘土化して厚い土層が生成され，継続的な移動をする地すべりとなったり，片理面，壁開面に沿う崩壊性地すべりが発生したりする。また，蛇紋岩も灰青色の粘土となりやすく地すべりを発生させやすい。

一般に，地すべりは同じ場所で繰返し滑動する性質がある（再滑動）。また，地すべりには地域性があり，その形態は地質，地形，土質特性により様々である。地すべりの機構を解明するためには，地すべりの発生要因，地質，地形，土質特性を明らかにしなければならない（地すべりに関する地形地質用語委員会，2004など）。従来，地すべりに関する研究は，特定の範囲の地すべり地を対象に地質，地形，土質特性などの個々の分野において様々な調査・解析がなされることが多いが，崩壊を含めた地すべり地を対象にいくつかの特徴量をGISを使って統計的に解析したものは少ない（山岸ほか，2015）。

そこで，本文では，四国全域を対象として，GISを活用した地すべりの地形・地質解析を行い，地すべりの規模，タイプなどと地形，地質，土質特性との関連性を把握しようとするものである。その手法として，データを蓄積し，解析する機能を有しているGIS技術を活用した（ArcGIS 10）。つまり，GISを用いて，地すべりに関する詳細なデータを収集し，各地すべりの特徴量を導くことで，データベース化を試みた。また，それらのデータを系統的に解析し統合することで，過去の地すべりマップを基にして，工学的に評価する地すべりサセプティビリティマップ（susceptibility map）を作成することができる。この場合の"サセプティビリティマップ（susceptibility map）"とは，ハザードマップ（hazard map）に至る前のもので，地すべりの起こりうる場所を示し，その確立の高低を示したものである（Committee on the Review on National Landslide Hazards mitigation Strategy, 2004）。ハザードマップ（hazard map）の場合はインフラストラクチャーなどを含む人的要素が考慮される必要があるが，サセプティビリティ

マップ（susceptibility map）は活動度評価を主に考慮されたものと理解される．とくに，本文で扱う"地すべり地形"の"サセプティビリティ"は，何らかの誘因による"再滑動の可能性"と言い換えてもいいであろう．

本文では，防災科学技術研究所により，主に4万分の1の空中写真で判読された四国の全ての地すべり地形分布図（防災科学技術研究所，2007；同研究所地すべり地形GISデータ．http://dil-opac.bosai.go.jp/publication/nied_tech_note/landslidemap/gis.html（閲覧日 2018年5月13日））を基に，GISを用いて系統的に分類して地すべりデータベースを構築し，四国の主に地質的素因と各地すべり地形との関係を明らかにし，工学的評価による地すべりサセプティビリティマップの作成を試みた．

1.4 四国の地質および地すべり発生の現状

四国の地質構造を見ると，東西に延びる3つの構造線がある．北から，中央構造線，御荷鉾構造線，仏像構造線である（図1.2）．四国の地質構成は中央構造線を境にその北側（内帯）と南側（外帯）で大きく異なっている．内帯には，白亜紀～第三紀に広範囲に貫入した火成岩類（領家花崗岩類）が瀬戸内海沿いに分布しているほか，中央構造線に沿って堆積当時の横ずれ運動で生じた盆地に堆積した白亜紀末の堆積岩類（和泉層群）が分布する．一方，外帯では，深海底や海溝で堆積し南海トラフに平行して二畳紀～ジュラ紀以降にプレート運動により付加された付加体（秩父帯，四万十帯；図1.2），さらには，後期ジュラ紀～前期白亜紀の付加体を原岩とし地下数十kmで高圧変成作用を受けた岩石や千数百度の高温を経験した高圧型変成岩類（三波川帯）などが東西方向に帯状に分布・配列している．

つまり，四国の地質構造（日本の地質「四国地方」編集委員会，1991などによる）を大きく分けると，三本の構造線（中央構造線，御荷鉾構造線，仏像構造線）と六枚の地層群あるいは帯など（北から火成岩帯，和泉層群，三波川帯，御荷鉾帯，秩父帯，四万十帯）から成っている（図1.2）．以下に各地質帯の特徴について簡単に述べる．

〔火成岩帯〕

花崗岩が風化して砂状になったいわゆるまさ土が広く分布している地域である．まさ土は透水性に優れており，地表から順に風化していくため，降雨時には崩壊や土石流が発生しやすい特性がある．

〔和泉層群〕

地層の層理面の発達した白亜紀の堆積岩が分布している．切土による層理面すべりが中央構造線付近に分布しているため地震などの断層運動による地すべりが発生しやすい．

〔三波川帯〕

三波川帯は愛媛県の佐田岬半島から徳島県にかけて中央構造線の南に分布し，四国の背梁山地を形成している．三波川帯は主に泥質片岩からなり，砂質片岩，緑色片岩（塩基性片岩），珪質片岩等を伴っている．地すべり地形は主要河川に沿って分布しており，大部分の地すべり土塊は粘土分の少ない岩屑から構成され，河床より高い高度のところに緩傾斜面を形成している．このため，砂礫質の地下水位の低い土地条件となる．三波川帯全体としては，地殻変動による変成，片理構造がよく発達し，とくに，泥質片岩地帯で地すべりが発生しやすい．

〔御荷鉾帯〕

御荷鉾緑色岩類と呼ばれる塩基性火山岩類が分布している地域である．御荷鉾緑色岩類は三波川変成帯の南限にあたり，その南側には御荷鉾構造線が走る．御荷鉾緑色岩類は，海底火山起源の玄武岩や斑レイ岩，超塩基性岩およびこれらの再堆積した岩石からなる．御荷鉾緑色岩類の分布地域は三波川変成帯と同様，地すべり

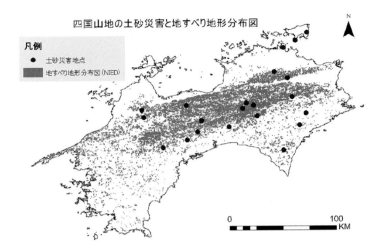

図1.3 四国の地すべり地形の分布（防災科学研の地すべり地形分布図のダウンロード）と過去の山地災害の分布（四国山地砂防事務所，2004）

分布密度の高い地域である。原岩の化学組成を反映した緑泥石，スメクタイトなどの粘土鉱物に起因した地すべりが多い。

〔秩父帯〕

秩父帯には片理面の発達した岩石が分布しているが，地すべりの発生数は多くない。

〔四万十帯〕

砂岩，頁岩の互層から形成される堆積岩が分布している地域である。四万十帯ではあまり地すべりは発生していないが，とくに，降雨量の多い高知県では，豪雨に伴う斜面崩壊が発生しやすい。

四国地方の過去の土砂災害箇所（国土交通省四国地方整備局四国山地砂防事務所，2004）と防災科学技術研究所の空中写真から判読された地すべり地形を合わせた四国の地すべり危険箇所を図1.3に示す。これを見てもわかるように，四国の地すべりは中央構造線と御荷鉾構造線の間（三波川帯と御荷鉾帯；図1.2）に集中している。四国の御荷鉾構造線（断層帯）付近は，いわゆる破砕帯が多いので，非常に脆弱な地盤である。なぜなら，いわゆる緑色岩が多いため粘土化しやすく，それに断層運動が加わって，地すべりが発生しやすくなったと考えられる。

1.5 地すべり地形の工学的評価について

(1) 地すべり地の地盤工的位置付け

地すべりは次のような点で，地盤工学上の大きな問題になっている。地すべりは，それまで何の異変も無かった斜面で新たにすべり面が形成されてすべり出す「初成地すべり」と，過去に活動した履歴のある「古い地すべり」が再び地盤の安定を失って滑動するケースがあり，対策工事を必要とする地すべりの多くは後者である。その「古い地すべり」は，現在は安定しているように見えても，ある程度の切土によって安定が崩れ，再び滑動をはじめることがある。また，地すべり土塊は一度地盤が乱された崩積土となるために，地盤としてきわめて脆弱化し，地すべりそれ自体，またはその周辺の地盤は非常に動きやすくなる。また，地すべりの移動には，地質的な条件に加え，地下水が非常に密接に関わっている。つまり，土塊が地下水を多量に含んで重量が増加すると共に，すべり面付近のせん断力の強度を大きく低下させるためである。

以上のような観点から，「古い地すべり地」の地形，地質，地下水，土地利用などの情報を関連付けておくことは重要である。また，これらの

情報を統合的に解析し，地すべり発生機構を把握することで，的確な事前予測と対策方法に寄与できる。

（2） GIS を用いた地すべりデータベースの構築

上記のように，とくに地すべりの情報を統合的に解析するために，まず，四国各地で得られた地すべりデータを系統的に整理し分類する必要がある。そこで，様々な分野の特徴量を統計的に表示・検索・解析する能力に優れているGIS（地理情報システム：ArcGIS 10）を用いる。GIS は，デジタル化された地図（地形）データと，それらが有する属性情報などのデータを統合的に扱うことのできるシステムである。地すべり地形についても，GIS でデータベース化されれば，そのさまざまな情報の検索・表示，または統計的・総合的な解析を容易に行うことができる。また，解析対象の分布や密度などを視覚的に表現することもできる。したがって，これらの GIS 機能を用いて，四国の地すべり地形情報のデータベース化を試みた。

今回のデータベースに表示される内容は，地すべり地形の位置，地すべり面積（Area），地形傾斜方位（Aspect），地形傾斜度（Slope），地質岩相（Geology），活断層からの距離（Fault proximity），河川からの距離（Stream proximity），土地利用情報（Land use）の 8 つの要素（パラメータ）であり，対象の地すべり地とこれらの情報を GIS 上で関連づけることができた。

（3） 地すべりの工学的評価方法

次に，GIS を活用した上記の地すべりサセプティビリティマップ（susceptibility map）を作成するために必要な地すべりの工学的評価方法について説明する。この方法では，二変量統計的アプローチをサセプティビリティマップの作成のために採用した。この方法は，上述のパラメータ（地質岩相，断層（含む活断層）からの距離など）のマッピングと以下の関連カテゴリーを選択した。そのカテゴリーとは，全地すべり地のマッピング，各パラメータマップと全地すべりマップの関連付け，各パラメータ class（階級）での地すべり分布密度の決定とその重みの定義である。全パラメータのカテゴリーにおいては，その class の重みはそれぞれの class に相当する地すべり分布密度で決定される。そこで，statistical index（Wi）（InfoValue 法）を用いて，各パラメータ class の重みを式（1）のように計算する。つまり，各パラメータ class の重みは，各々の class の地すべり分布密度を全体マップ上の地すべり分布密度で割った値で定義する（van Westen，1997）。

$$Wi = ln\frac{Densclass}{Densmap} = ln\frac{Npix(Si)/Npix(Ni)}{\sum_{i=1}^{n}Npix(Si)\Big/\sum_{i=1}^{n}Npix(Ni)} \quad\cdots\cdots(1)$$

ここで，Wi はあるパラメータの i 番目の class の重み（例えば，パラメータが Slope の場合では，10°から 20°を i 番目の class とするときの重み）で，$Denseclass$ はそのパラメータ class 内にある地すべりの分布密度，$Densemap$ は全体マップでの地すべりの分布密度で，$Npix\ (Si)$ はそのパラメータ class にある地すべりを含むピクセルの数，$Npix\ (Ni)$ はそのパラメータ class にあるピクセルの合計で，n はマップ上でのそのパラメータ class の数である。今回は，マップを 10 m × 10 m メッシュのピクセルに分けて解析を行った。また，重みの大きさを調整するために自然対数を使用した。以上の解析はすべて GIS ソフト（ArcGIS 10）を用いて行ったが，その方法を簡単にまとめたものを図 1.4 に示す。また，解析結果の一部を利用して各パラメータ class における地すべり面積の割合を算定した。

今回解析を行ったパラメータは，地すべりデータベースにあるパラメータのうち，地形傾斜方位（Aspect），地形傾斜度（Slope），地質岩相（Geology），活断層からの距離（Fault system

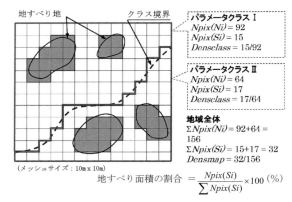

地すべり面積の割合 = $\frac{Npix(Si)}{\sum Npix(Si)} \times 100$ (%)

図1.4 各パラメータクラスの重み（Wi）及び各クラスにおける地すべり面積の割合を求める方法

distance），河川からの距離（Stream distance），土地利用情報（Land use）の6つである。各パラメータの statistical index（Wi）は GIS 解析ツールを使用して計算した。そして，それらのパラメータの重みを累加点として合計したものを式(2)に示す。

$$Wi = Waspect + Wslope + Wgeology + Wfault + Wstream + Wlanduse \quad \cdots\cdots (2)$$

Wi の値が大きい地域ほど危険な（サセプティビリティの高い）地域である。今回，最終的な class を5段階（Very low, Low, Moderate, High, Very high）に分けた。

式(2)によって計算された Wi は，大規模地すべり発生の要因を統合的に解析したものであり，これを工学的評価がなされた地すべりサセプティビリティマップ（susceptibility map）として定義する。

(4) 地すべりサセプティビリティマップ

上記のデータベースをもとに，Wi を用いて工学的評価を行い，四国全体の地すべりサセプティビリティマップを作成した。その際，地すべり地形（防災科学技術研究所の地すべり地形分布図；四国では計29,158箇所）について，Wi による GIS 解析結果をまとめたのは，地形傾斜方位（Aspect；図1.5），地形傾斜度（Slope；図1.6），地質情報（Geology；図1.7），断層（活断層を含む）からの距離（Fault proximity；図1.8, 9），河川からの距離（Stream proximity；図1.10），土地利用情報（Land use；図1.11）の6つの要素である。この場合，いずれも各 class に存在する地すべり面積を全地すべり面積で割った割合をLandslide Density（%）と表現する。

地形傾斜方位（Aspect；図1.5）については，四国全体の地すべり面積の割合は北が最も大きく約19%を示し，次いで北東及び北西が約15%を示した。つまり，地形傾斜方位が北向きの地域に地すべり密度が高い傾向があることは，「古い地すべり」の多くが「流れ盤」的であることを示唆している。

地形傾斜（Slope；図1.6）について見ると，地すべり面積の割合は20°〜30°が最も大きく（約48%），次いで10°〜20°及び30°〜40°がそれぞれ約22%を示した。他の地形傾

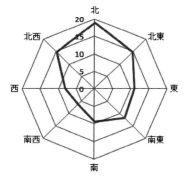

図1.5 四国全体の地すべり密度と地形の傾斜方向分布との関係（数字は%を示す）

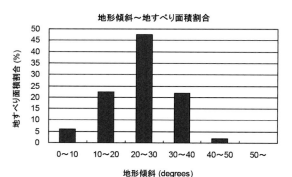

図1.6 地すべり地の最高点と最低点の比高と距離から求めた見通し角（度）

斜はこれらに比べ著しく小さい値を示した。また，同様に計算した愛媛県の10°〜40°の地すべり面積の割合よりも四国の10°〜40°の地すべり面積の割合の方が大きくなり，四国は愛媛県よりも地形傾斜の影響度が大きくでた。以上のデータは，地形傾斜自体が地すべり地形を含んだデータであることを考慮する必要がある。

地質岩相（Geology；図1.7）については，予想通り三波川帯，秩父帯，御荷鉾帯，和泉層群の順に地すべり面積割合が大きかった。つまり，地すべりは特定の地質岩相に発生しやすく，破砕帯に多いことを示している。

断層からの距離（Fault proximity；図1.8）についてみると，予想では活断層からの距離が近い地域ほど地すべり面積の割合が大きくなると予想されたが，図1.8から求めた図1.9によると，さほど影響は見られなかった。これは四国において中央構造線や御荷鉾構造線付近には多くの地すべりが見られるが，それら以外の断層も考慮する必要があることを示している。

河川からの距離（Stream proximity；図1.10）については，予想では河川からの距離が近い地域ほどより地すべり面積の割合が大きくなると予想したが，むしろ少し離れた地域（約100 m〜1,500 m）の方が地すべり面積の割合が大きかった。河川に近い地すべりは，河川氾濫などの際に足をすくわれる形で滑動することが多いが，河川から遠い地すべりは河川とは関係なく，頭部から動き出したものが多いことを示唆している。

土地利用情報（Land use；図1.11）についてみると，地すべり面積の割合が最も大きかった

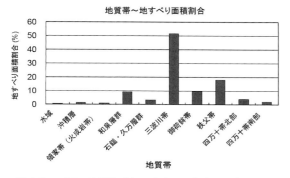

図1.7　四国の地質帯ごとの地すべり密度（地すべり面積割合）

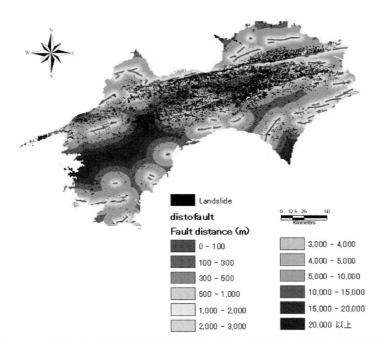

図1.8　GISのバッファー機能で求めた断層（活断層を含む）からの距離ごとの地すべり密度分布図（口絵参照）

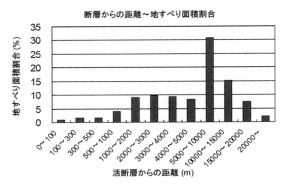

図1.9 図1.8から求めた断層からの距離ごとの地すべり分布密度

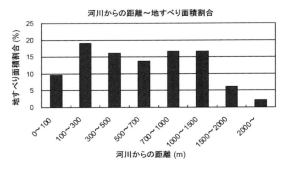

図1.10 地すべりの河川からの距離とすべり面積割合

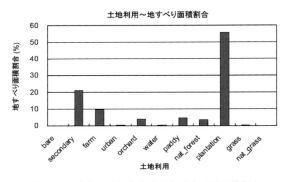

図1.11 地すべりと土地利用と地すべり面積割合

地域はPlantation（大農園，植林地）で約57％を示し，次いでSecondary（灌漑用地などの二次的土地利用）で約21％を示した。また，Farm（農場，農園）で約10％，Orchard（果樹園）・Paddy（水田）でそれぞれ約5％を示し，地すべり地においても人間活動が活発であると考えられる。逆に地すべり面積の割合が最も小さかった地域はUrban（市，町）などで1％以下を示した。以上の結果から，地すべり地ま

たはその周辺の地域の多くは農場，農園，植林地，果樹園等に利用されており，市や町の市街地は地すべり地より離れた地域に存在していて合理的ではある。また，同様に実施した愛媛県のPlantationでの値よりも四国のPlantationでの値の方が大きくなり，四国全体では愛媛県よりも多く地すべり地またはその周辺の地域が様々な農地として利用されていることを示している。また，新潟や石川などの北陸地方では，地すべり地は米作用の棚田として利用されていることが多いが，とくに新潟などの米作地帯は新第三紀の泥岩が地盤となっていて，変成岩や緑色岩の四国とは異なっている。

以上のように，和泉層群，三波川帯，御荷鉾帯，秩父帯が地すべりの発生率の「高い〜非常に高い」結果を示した。他の地すべり発生要因に比べ地質岩相（Geology）は地すべり発生への影響度が高い。最後に，地すべり発生要因である地形傾斜方位（Aspect），地形傾斜（Slope），地質岩相（Geology），活断層からの距離（Fault proximity），河川からの距離（Stream proximity），土地利用（Land use）を統合的に解析し，工学的に評価された四国の地すべりサセプティビリティマップを作成した（図1.12）。

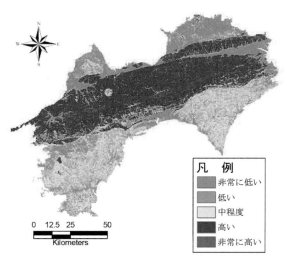

図1.12 GISによる四国の地すべりサセプティビリティマップ（口絵参照）

(5) 四国と愛媛県の地すべりサセプティビリティマップ

　四国は起伏量の大きい山岳地帯で形成されており，地質的にも地すべりを誘引する地質帯が多く，地すべり危険地帯も多い。そこで，本文では，防災科学技術研究所による地すべり地形分布図（前述）の地すべり地を対象とし，GIS を用いて系統的に分類した地すべりデータベース（前述）をもとに，四国の地質，地形などの地すべり発生要因と各地すべり地との関係を明らかにするとともに，工学的評価による地すべりサセプティビリティマップを作成した（図 1.12）。また，四国の地すべり地を，より詳細に解析するため，愛媛県の地すべり地形解析，地すべり分布特性評価も行い，愛媛県の地すべりサセプティビリティマップを作成して比較した（図 1.13）。愛媛県地域では，以下のような点が目立った。

　①地すべり面積が 0 ha 〜 10 ha の地すべり地が約半分（約 47％）を占める。

　②地すべり地の斜面勾配と面積，幅については，特に相関は見られなかったが，斜面長についてはこれらと反比例関係を示した。

　③地すべりの斜面長と幅の関係では，地すべり地形の多くは縦長の楕円形または長方形を示した。

　④地すべり地の分布特性を強く示すパラメータ（要因）は地質岩相（Geology）であり，和泉層群，三波川帯，御荷鉾帯，秩父帯は地すべり再活動の危険性が高い。

　⑤地形傾斜方位が北〜北東の地域は地すべり再活動の危険性が高い。

　⑥地形傾斜が 10°〜 30°の地域は地すべり再活動の危険性が高い。

　⑦断層からの距離や河川からの距離は地すべり発生の要因にはなりにくい。

　⑧地すべり地またはその周辺の地域の多くは，農場，農園，植林地，果樹園等に利用されて

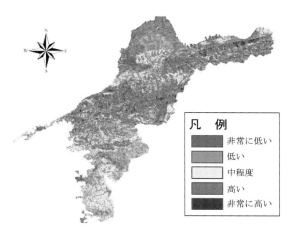

図 1.13　GIS による愛媛県の地すべりサセプティビリティマップ（口絵参照）

おり，市街地は主に平野部にあり，地すべり地から離れた地域に存在している。結果として，前述の式 (2) により各パラメータの W_i の値（重み）を合計して，class を 5 段階（非常に低い，低い，中程度，高い，非常に高い）に分けた愛媛県の地すべりサセプティビリティマップ（図 1.13）を作成した。

　図 1.12 の四国全体の地すべりサセプティビリティマップと図 1.13 の愛媛県のそれとを比較すると，地すべり分布特性，GIS 解析結果ともに類似した結果となった。これは，四国 4 県の中で愛媛県のみ南北に広がっており，東西に配列する四国の地質を網羅しているためであろう。

　今後の課題として，本研究で得られた地すべりの基礎データを基に地すべり地形の力学的メカニズムの解明や地すべりサセプティビリティマップを用いた地すべり防災対策の検討などが挙げられる。

1.6　四国山間地の道路ネットワークにおける南海トラフ巨大地震による地すべりハザード評価

　2011 年 3 月 11 日に発生した東日本大震災は，従来から危惧されていた南海トラフ巨大地震を，より現実味を帯びさせた（愛媛大学防災

情報研究センター，2012）。とくに，上述のように四国地方は我が国のなかでも最も山地の割合が高く，急峻であり，岩盤も脆弱で破砕されていて，巨大地震の発生により多くの地すべりや崩壊が発生しやすいと言える。そこで，上記の地すべりのデータベースと工学的評価をもとに，南海トラフ巨大地震に備えて四国地域の道路ネットワークが被災する地すべり災害ハザード評価を試みた。

過去においては1605年にM7.9の慶長地震が発生し，その102年後の1707年には，我が国最大級の地震と言われている宝永地震が発生した。死者は2万人を超えたと言われている。それから147年後の1854年には東海地震（M8.4）が発生し，その32時間後に南海地震が四国地方を襲った。また，それから90年後の1944年の東南海地震とその2年後の1946年の南海地震と，いずれもM8クラスの巨大地震が連続的に発生している。このように南海・東南海地震は周期性を持って，繰返し発生している。中央防災会議（2003）は南海・東南海地震の被害想定について，四国では図1.14に示すような加速度分布を想定している。

最近，政府の地震調査研究推進本部では，静岡県の浜名湖から四国沖にかけた南海トラフで発生し，四国に多大な被害をもたらす南海地震についての発生予測が公表されている。また，内閣府の発表では，南海トラフ巨大地震は今後30年以内発生する確率が70％程度と発表されている（地震調査研究推進本部：http://www.jishin.go.jp/main/yosokuchizu/kaiko/k_nankai.htm；閲覧日2018年6月13日）。その地震の規模はM8-9クラスと発表されている。その震度は四国では，徳島県，高知県を中心に最大震度7が想定される地域も分布する。

近い将来発生しうる南海トラフ巨大地震において，とくに四国の主要道路に対する地すべりハザードは決して無視できない。地震災害直後の被災地支援では，国道や県道に依存する地域も多数存在する中，道路沿いの地すべり地の再発生や斜面崩壊による道路被害と道路の健全性評価は大きな課題となっている。とくに，2011年3月の東日本大震災直後の国土交通省の「くしの歯作戦」は南北の高速道路から東西に伸びる三陸沿岸までの地方道路を有効に使って，物資の移動や瓦礫処理に成

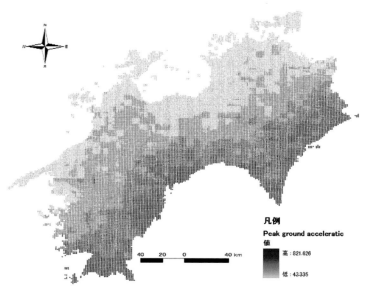

図1.14　四国の南海巨大地震を想定した加速度分布（中央防災会議，2003）

功したと言われている。四国でも同様に東西に伸びる高速道路から南北の地方道路を使う「くしの歯作戦」を検討しているが，東日本大震災の三陸地方と異なり，斜面災害で道路が閉塞されやすく被災地の海岸まで車両が被災地まで速やかに到達しにくいことが危惧される。2004年新潟県中越地震や2008年岩手・宮城内陸地震で見るように，多くの斜面災害は従来の地すべり地形部分で発生していることが多い（ハス バートルほか，2014）ことから，四国のような脆弱な地質と地すべりの多い地域では，南海トラフ巨大地震時の地すべりの再発生または斜面崩壊が，岩盤の堅固な三陸地方と比べて，より多く発生することが十分予想されることから，今後の対応と被害軽減のために早急に地すべりハザード解析を行う必要がある。

まず，このテーマに必要な諸データを以下に述べる。

①すべり地形（Landslide）：四国の地すべり地形データは，防災科学技術研究所の地すべり地形分布図（前述）を使用する。この分布図によって，過去に地すべり変動を起こした場所や，その規模，変動状況などの詳細を把握することができる。

②道路（Road）：道路データは，国土交通省国土地理院の「基盤地図情報の道路縁（1:25,000）」（国土地理院基盤地図情報：https://fgd.gsi.go.jp/download/menu.php（閲覧日2018年5月13日））を使用する。基盤地図情報の共用空間データは，GISでの利用の推進等を目指し，整備が進められた。

③川（Stream）：河川データは，国土交通省国土計画局の「国土数値情報の河川（1:25,000）」（国土交通省国土数値情報：http://nlftp.mlit.go.jp/ksj/（閲覧日2018年5月13日））を使用する。国土数値情報の共用空間データは，GISでの利用を目的に含み，近年では広く一般に提供されているものである。

④10 mメッシュDEM：標高モデルは，国土交通省国土地理院の「基盤地図情報の数値標高モデル（10 m_DEM）」（国土地理院基盤地図情報：https://fgd.gsi.go.jp/download/menu.php（閲覧日2018年5月13日））を使用する。また，このデータをGIS上で変換したものを等高線データとして使用した。

（1）地すべり地形データの加工

本文で使用した地すべり地形分布図は，地形的痕跡である地すべり地形から判読したデータである。そのため，同じ場所で段階的に発生した地すべりは，地すべり地形の外形のみしか描画されていないため，各々の地すべり地形データを加工する必要がある。以下に2点の加工目的とその方法を示す。

① 地すべり地形分布図では，ある箇所で段階的に発生した地すべりでも，全体を一つの地すべり地として表現されていることが多い。

② したがって，各々の地すべりの危険度の過小評価を避けるためには，段階的

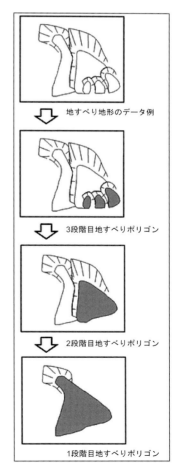

図1.15 地すべり地形の加工方法

に発生した地すべりを段階別に評価する必要がある。

まず，各々の地すべり地形を目視で確認し，それぞれに，1段階目，2段階目，3段階目に滑動したものかどうかを判断する。この際，地すべりの属性テーブルにそれぞれ何段階目の地すべりに当たるかを判定して入力し，それぞれ1段階目地すべり，2段階目地すべり，3段階目地すべりとする。

次に，実際にGIS上では，地すべりポリゴンとして加工を行う。図1.15に示すように，同じ個所を3段階目の地すべりポリゴン，2段階目の地すべりポリゴン，1段階目の地すべりポリゴンに区別する。その手法として，3段階目の地すべりポリゴンの移動量分を滑落崖まで移動させ，その地すべりが発生する前の段階を再現したものを2段階目地すべりポリゴン，同様に2段階目地すべりポリゴンを滑落崖まで移動させたものを1段階目地すべりポリゴンとする。このように，地すべりを発生段階に分けることで，発生段階別のハザード解析が可能になる。

(2) 地すべり地における地形的特徴の入力

地すべり地形分布図は，地形的痕跡である地すべり地形の位置のみの描画である。そのため，地すべり地形分布図を加工した後に，その地すべり地の面積や斜面勾配などを得るためには，その一つ一つをGIS上でポイントやポリラインの作図機能を用いて手作業で入力し，値を出力する必要がある。

以下に地形的特徴の計測項目とその算出方法を述べる。図1.16はGIS上で実施した入力の計測項目と地すべりの説明図である。

①地すべり地の長さ（Length）：地すべり地形の長さを手作業によりラインを入力し，値を出力する。

②地すべり地の幅（Breadth）：地すべり地形の幅を手作業によりラインを入力し，値を出力する。

③地すべり地の高低差（Height）：地すべりの上端と下端の標高を手作業によりポイントを入力し，値を出力した後に，式(3)から高低差を算出する。

$$Height = Elevation1 - Elevation2 \quad \cdots\cdots (3)$$

④地すべり地の勾配（Landslide Slope）：三角関数により，*Length* と *Height* より以下の式(4)を用いて算出する。

$$Slope = \tan^{-1}\frac{Height}{Length} \quad \cdots\cdots (4)$$

⑤地すべり地の斜面長（Slope Length）：三角関数により，*Length* と *Landslide Slope* により，

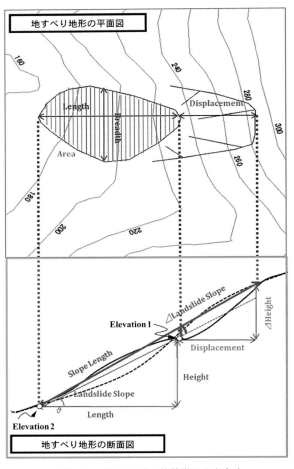

図1.16　GIS上の地形的特徴の入力方法

式（5）を用いて算出する。

$$SlopeLength = \frac{Length}{\cos\theta} \quad \cdots\cdots (5)$$

⑥地すべり地の面積（Area）：地すべり地形の形状をもとにGISの解析ツールを用いて算出する。

⑦地すべり地の移動量（Displacement）：地すべり地形から該当する滑落崖までの距離を手作業によりラインを入力し，値を出力する。

⑧地すべり地の斜面変化勾配（△Landslide Slope）：地すべりの下端と滑落崖の上端の標高を手作業によりポイントを入力し，値を出力した後に，三角関数を用いて算出する。その斜面勾配と地すべり地の斜面勾配の差より式（6）のように算出する。

$$\triangle Landslide\ Slope = Natural\ Slope - Landslide\ Slope \quad \cdots\cdots (6)$$

⑨地すべり地の変化高低差（△Height）：地すべりの上端と滑落崖の上端の標高を手作業によりポイントを入力し，値を出力した後に，差を算出する。

（3）南海トラフ巨大地震を想定した道路地すべりハザード評価

評価方法および使用データ

四国において主要道路を対象とした地すべりハザード評価を行うため，「地すべりの斜面勾配」「地すべりの面積」「地すべりの移動量」「地すべりの斜面変化勾配」「地すべりから道路までの距離」「地すべりの移動方向」「地すべりの位置」「地すべりの発生段階」の8つのパラメータに加え，地震による誘因として「南海トラフ巨大地震を想定した最大加速度」の合計9つのパラメータを用いた。これらのパラメータを含め，主要道路を対象とした地すべりハザード評価に使用したデータについて以下に述べる。また，表1.1に道路への危険度評価に用いたパラメータとその危険度ランク表を示す。

①地すべりの斜面勾配（Landslide Slope）：地すべり固有の値を使用する。地すべりの斜面勾配は，道路という対象物によらず，危険度に密接に関与するパラメータである。地すべり地形から危険度を予測するため，現在の地すべり地形の勾配が急勾配であるほど，今後，斜面の安定に向かって活動する危険性が高いと考えられる。そのため，「〜10°」「11°〜20°」「21°〜30°」「31°〜40°」「41°〜」と等間隔に区分し，それぞれ勾配の大きいclassから危険度を5〜1とする。

②地すべりの面積（Landslide Area）：地すべりデータベースをもとに地すべり固有の値を使用する。地すべりの面積は，道路という対象物に対して，危険度に関与するパラメータである。地すべり地形から危険度を予測するため，

表1.1 ハザード評価に用いた道路に対する地すべり危険度ランク表

評価項目（パラメータ）	道路に対する危険度ランク（0〜5）					
	5	4	3	2	1	0
地すべり斜面勾配（°）	40〜	31〜40	21〜30	11〜20	〜10	-
地すべり面積（ha）	8.0〜	6.1〜8.0	4.1〜6.0	2.1〜4.0	〜2.0	-
地すべり発生段階	-	-	三段階地すべり	二段階地すべり	一段階地すべり	-
道路までの距離（m）	〜100	100〜300	300〜500	500〜1000	1000〜	-
地すべりの移動方向	-	-	-	-	道路方向	道路逆方向
地すべりの位置	-	-	道路側	-	河川側	-
地すべり移動量（m）	〜30	31〜60	61〜90	91〜120	121〜	-
斜面変化勾配（°）	〜2.0	2.1〜4.0	4.1〜6.0	6.1〜8.0	8.1〜	-
最大加速度（gal）	500〜	350〜500	200〜350	100〜200	〜100	-

現在の地すべり地形の面積が大きいものほど，その面積に準じた規模の地すべりとして，今後斜面の安定に向かって活動する危険性が高いと考えられる。そのため，「～2.0 ha」「2.1 ha～4.0 ha」「4.1 ha～6.0 ha」「6.1 ha～8.0 ha」「8.0 ha～」と等間隔に区分し，それぞれ面積の大きいclassから危険度を5～1とする。

③地すべりの移動量（Displacement）：地すべり固有の値を使用する。地すべりの移動量は，道路という対象物対して，危険度に関与するパラメータであると考えられる。一般的に移動量が大きいほど，斜面の安定に向かって活動する危険性が高いと考えられる。そのため，「～30 m」「31 m～60 m」「61 m～90 m」「91 m～120 m」「121 m～」と等間隔に区分し，それぞれ移動量の小さいclassから危険度を5～1とする。

④地すべりの斜面変化勾配（△Slope）：地すべり固有の値を使用する。地すべりの移動量と同様に，一般的に斜面変化勾配が大きいほど，斜面の安定に向かって活動する危険性が高いと考えられる。そのため，「～2.0°」「2.1°～4.0°」「4.1°～6.0°」「6.1°～8.0°」「8.1°～」と等間隔に区分し，それぞれ斜面変化勾配の小さいclassから危険度を5～1とする。

⑤地すべりから道路までの距離（Road proximity）：道路に与える地すべりの危険度を考慮するため，このパラメータは重要と考えられる。道路から「～100 m」以内を危険度5，「100 m～300 m」を危険度4，「300 m～500 m」を危険度3，「500 m～1,000 m」を危険度2，「1,000 m～」を危険度1とする。

⑥地すべりの移動方向（Movement direction）：道路の両側1 kmの地すべりを全て抽出するため，その中には道路の反対方向に滑動している地すべりや，道路と地すべりの間に山が存在する地すべりも含まれている。よって道路方向に滑動しているものを危険度1，道路の反対方向に滑動しているものを危険度0とする。

⑦地すべりと河川，道路の位置関係（River side / Road side）：道路の両側1 kmの地すべりを全て抽出したところ，その中には道路と地すべりの間に河川が流れている地すべりが存在し，影響は少ないと考えられる。よって，道路側で発生した地すべりを危険度3，河川側で発生した地すべりを危険度1とする。

⑧地すべりの発生段階（Occurrence step）：同じ個所で発生した地すべりであっても，発生段階が進んでいるものほど，現在も活動中の地すべりであると考えられる。よって2段階地すべりを危険度3，2段階地すべりを危険度2，1段階地すべりを危険度1とする。

⑨地すべり地の地震による最大加速度（Peak ground acceleration）：地震による誘因を示すパラメータとして地すべり地の予測最大加速度（図1.14）を用いる。地震による外力を表す加速度が，地すべり発生に与える影響は大きいと考えられる。そのため，地すべり地の最大加速度が「500 gal～」を危険度5，「350 gal～500 gal」を危険度4，「200 gal～350 gal」を危険度3，「100 gal～200 gal」を危険度2，「～100 gal」を危険度1とする。過去の研究から最大加速度が500 gal程度以上は地すべり発生に大きな影響を与えることがわかっているが，相対的な危険度を知るため，以上のようにランク区分を行った。

以上が主要道路を対象とした地すべりハザード評価に用いたデータであり，パラメータのランク区分である。また，以上のパラメータとランクを用いて主要道路を対象とした地すべりハザード評価を行う。図1.17に地形的特徴に基づいた主要道路を対象とした地すべりハザード評価法の手順を示す。評価の対象範囲は道路から両側1 kmずつの範囲とする。

まず一つ一つの地すべりに対して各パラメータの危険度を付加する（図1.17（1））。この危

険度については，前項で示した通りである．次に一つ一つの地すべりの危険度を合計し，合計危険度を算出する（図1.17(2)）．ただし，地すべりの移動方向が道路に向かってないものに関しては，合計危険度を1として扱う．それぞれの地すべりに付加された合計危険度を等間隔に三段階にランク分けを行い（図1.17(3)），メッシュ毎に各危険度ランクの地すべりが占める割合を算出する（図1.17(4)）．さらにメッシュ毎に占める各危険度ランクの地すべりの割合に，危険度ランクが1の地すべりであれば重みとして1を，危険度ランクが2の地すべりであれば重みとして2を，危険度ランクが3の地すべりであれば重みとして3を乗じる（図1.17(5)）．それらによって算出された値をメッシュの得点として合計し（図1.17(6)），自然分類法によって五段階に危険度を区分する（図1.17

(7)）．以上の流れを持って地形的特徴に基づいた主要道路を対象とした地すべりハザード評価とする．

(4) 道路地すべりハザード解析結果

　四国の主要道路を対象とした地すべりハザード評価の結果を図1.18に示す．危険度区分を行った閾値は自然分類法による区分によるもので，Very LowからVery Highまでの5段階に区分を行った．自然分類法による区分のため，メッシュの合計危険度得点のヒストグラムより，偶然，変化量の多い点により閾値が決定される場合もあるが，四国全体を対象に相対的に地すべりの危険度を示すことはできたと言える．地すべり地形の多分布地域である三波川帯，和泉層群，御荷鉾帯，秩父帯（図1.2参照）における道路は高危険度地域として評価されてい

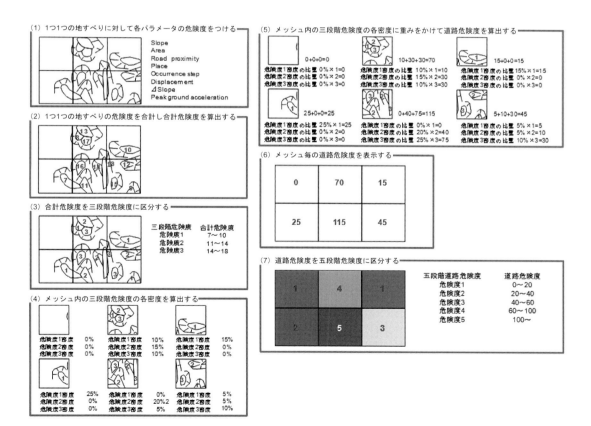

図1.17　主要道路を対象とした地すべりハザード評価の手順

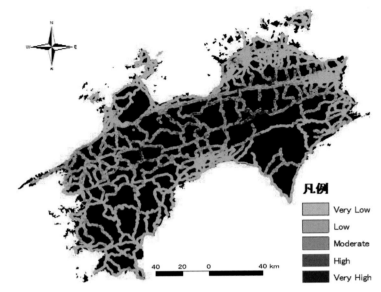

図 1.18　四国主要道路を対象とした南海地震時地すべり危険度マップ（口絵参照）

る．特に，中央四国の道路ネットワークは南海トラフ巨大地震時危険箇所が多数存在することが分かる．

村上（2011）はこの危険度マップを用いて道路の健全性評価を行った．この評価により，愛媛県内に国土交通省が実際に点検を行っている箇所は高危険度地域に位置することが分かった．ここでは，その結果などを省略しているが，村上（2011）と前田（2011）は本研究に用いたハザード評価方法の妥当性と検証を行っている．

(5) 南海トラフ巨大地震による地すべりハザード評価のまとめ

脆弱な地質と急峻地形を有する四国は地すべりの多分布地域である．日々高くなってくる南海トラフ巨大地震の発生確率とそれによる被害予測は現在四国において最大の防災研究課題である．主に，道路に依存する四国の物質移動や災害後の復旧・復興は地震時地すべり・斜面崩壊による道路寸断に伴い孤立する山間域も少なくない．そのため本節では，南海トラフ巨大地震による主要道路ネットワークに対する地すべりハザード評価を行うため，GISソフトを用いて四国の地すべりデータベースを構築し，簡易統計解析を行った．国道・県道周辺左右1km以内の地すべり地を抽出し，道路に対する地すべりの危険度ランキングを行い簡易統計解析から全体の危険度から5段階評価を行ったところ，四国中央部においてその危険度の高い箇所が多数存在することが分かった．今後，詳細に，特に道路区間別に評価結果を抽出する必要がある．

参考文献

浅野裕史・高木方隆（2006）地理情報システム（GIS）と斜面安定解析の統合による地すべり危険箇所の抽出．日本写真測量学会秋季学術講演会．

阿部真郎・小松順一・高橋明久・森屋 洋・荻田 茂・吉松弘行（2006）新第三紀層分布域における地震の震度と地すべりの地形・地質的特徴．日本地すべり学会誌，43(3), 155.

愛媛大学防災情報研究センター（2008）四国防災八十八話．203p．

愛媛大学防災情報研究センター（2012）南海トラフ巨大地震に備える．アトラス出版，195p．

石井明紀（1994）破砕帯地すべりの安定性および移動特性に関する土質工学的研究．愛媛大学学位論文．

江崎哲郎，周 国云（2005）GISを用いた山地地形から三次元地すべり危険斜面を抽出方法の開発と適用．

日本応用地質学会論文集，46(1).
国土交通省四国地方整備局四国山地砂防事務所（2004）四国山地の土砂災害，68p.
国立研究開発法人産業技術総合研究所　地質図NAVI，https://gbank.gsj.jp/geonavi/（閲覧日2018年5月13日）
地すべりに関する地形地質委員会編（2004）地すべり－地形地質的認識と用語－．日本地すべり学会誌，318p.
下河敏彦・稲垣秀輝（2009）2004年新潟県中越地震に起因する地すべりと土砂移動．日本地すべり学会誌，45(6)，435p.
千木良雅弘（2005）2004年新潟県中越地震報告（Ⅰ）地形・地質編，4.2．日本地すべり学会，172p.
千木良雅弘（2007）新潟県中越地震による斜面災害の地質・地形的特徴．応用地質，46(3)，pp.115-124.
中央防災会議　東南海，南海地震等に関する専門調査会（第14回）（2003）東南海，南海地震の被害想定について．
中田　高・今泉俊文（2002）活断層詳細デジタルマップ＋CD-ROM．東京大学出版会．
日本の地質「四国地方」編集委員会（1991）日本の地質8 四国地方．共立出版，266p.
ハス バートル・石井靖雄・丸山清輝・中村　明・野呂智之（2014）既存地すべり地形との比較による新潟中越地震による地すべりの規模と移動範囲の特徴．日本地すべり学会誌，51，pp.90-99.
長谷川修一・斉藤　実・横瀬廣司（1989）四国の地形と地質．土質工学会 四国支部30年のあゆみ．
防災科学技術研究所（NIED）（2007）地すべり地形分布図 第32集「松山・宇和島」など．
防災科学技術研究所（NIED）地すべり地形分布図デジタルアーカイブ　地すべり地形GISデータ：ダウンロード，http://dil-opac.bosai.go.jp/publication/nied_tech_note/landslidemap/gis.html（閲覧日2018年5月13日）
本多泰章（2006）GISを用いた斜面崩壊のハザード分析－新潟県中越地震と関東大地震を例として－ポスター，全国測量技術大会学生フォーラム．
前田裕也（2012）GISを用いた四国の主要道路における南海地震を想定した地すべりハザード評価に関する研究．愛媛大学大学院修士論文．
村井俊治（2006）空間情報分野の技術提案事例集（地すべりGISの活用）．スペーシャリスト．
村上雄亮（2012）GISを用いた四国の地すべり危険度解析と主要道路の健全性評価に関する研究．愛媛大学大学院修士論文．
八木浩司・山崎孝成・渥美賢拓（2007）2004年新潟県中越地震に伴う地すべり・崩壊発生場の地形・地質的特徴のGIS解析と土質特性の検討．地すべり，43(5)，pp.44-56.
矢田部龍一・榎　明潔・八木則男（1986）危険降雨量に基づく斜面崩壊発生時期の予知に関する検討．地すべり，23(2)，pp.1-7.
山岸宏光編著（2012）北海道地すべり地形デジタルマップ（付DVD）．北大出版会，100p.
山岸宏光（2013）GISによる総合防災マップと地すべりハザードマップ－四国と中米ホンジュラスの例－日本地すべり学会誌，51(2)，pp.24-29.
山岸宏光・土志田正二・畑本雅彦（2015）最近の豪雨崩壊および既往の地すべりにおける地形・地質要因のGIS解析．日本地すべり学会誌，52(6)，pp.12-22.
横松　剛（2009）GISを用いた四国の地すべり分布解析．愛媛大学工学部環境建設工学科卒業論文，57p.

Committee on the Review on National Landslide Hazards mitigation Strategy (2004), *Board on Earth Sciences and Resources: Partnerships for the reducing landslide risk-assessment of the National Landslide Hazards Mitigation Strategy-* The National Academies Press, Washington, D.C., 130p.

Cruden, D.M. and Varnes, D.A. (1996) Landslide types and processes. In: Turner, A.K. and Schuster, R.L.（eds）*Landslides-Investigation and mitigation-*, Special Report 247, National Academy Press, Washington Dc, pp.36-75.

Hasegawa, S., Dahal, R.K., Nishimura, A.T., Nonomura, and Yamanaka, M. (2008) DEM-Based Analysis of Earthquake-Induced Shallow Landslide Susceptibility, *Springer Science plus Business Media B.V.*.

Jibson, R.W., Harp, E., Michael J.A. (2000) A Method for Producing Digital Probabilistic Seismic Landslide Hazard Maps-An Example from the Los Angeles, California, Area, *Eng. Geol. 58, pp.271-190.*

van Westen, C.J. (1997) *Statistical landslide hazard analysis. ILWIS 2.1 for Windows application guide*: ITC Publication, Enschede, pp.73-84.

Wang, H.B., Sassa, K., Xu W.Y. (2007) Analysis of spatial distribution of landslides triggered by the 2004 Chuetsu earthquake of Niigata Prefecture, *Japan, Nat. Hazards 41, pp.43-60.*

Yamagishi, H., Doshida, S. and Pimiento E. (2013) GIS analysis of heavy-rainfall induced shallow landslides in Japan. In *Landslide Science and Practice. Vol.1. Landslide inventory and susceptibility and hazard zoning*, Springer Verlag, pp.601-607.

2 GISを用いた斜面崩壊の解析法
－実践経験にもとづいて－

岩橋純子・山岸宏光

2.1 GISデータの作成または収集

(1) 崩壊分布図

斜面災害の正確な分析・評価のためには，まず，発生箇所の正確な位置の把握が必要である。崩壊分布図（landslide inventory map）は，一般的に，空中写真や衛星画像の判読と現地調査によって作成される。近年，空中写真のデジタル化や大縮尺な衛星画像の公開によって，崩壊分布図作成の位置精度が，劇的に改善する方向にある。

GISの草創期には，崩壊分布図データの一般的な作成手法は，次のようなものであった。まず，空中写真のステレオペア（少し位置をずらして航空機等から撮影されたオーバーレイ部分を含む地上写真のペア）を，地形が飛び出して立体的に見えるように実体視して（図2.1），崩壊地を判読して2万5千分1地形図上に範囲を転記する。次にそれをデジタイズあるいはスキャンしてラスタ・ベクタ変換する。2万5千分1地形図は，どんな山奥でも全国整備されている最も大縮尺の地形図である。ただし，人間が境界線を写真から地形図に転記する作業の間に，どうしてもずれが生じるため，位置精度には限界がある。このような手法で作成された崩壊分布との重ね合わせに適当な地形・主題図データは，解像度数十m程度のDEM（Digital Elevation Model：格子点の標高モデル）や，2万5千分1程度の縮尺の地図が限度であり，現

図2.1 空中写真ステレオペアを実体鏡を用いて判読する様子
（慣れれば肉眼でも実体視が可能である）

地測量の結果や都市計画図レベルのデータと重ね合わせるほどの位置精度は得られない。よって，大量の事例の統計を取る・地質図などの主題図データを重ね合わせて全体の傾向を見るなどの作業には適していたが，個々の斜面について解析を行う事は難しかった。

2万5千分1地形図ではなく都市計画図（縮尺2,500分1～），航空レーザ測量DEMの画像処理図・オルソ画像（後述）を使うなど，基図の縮尺を上げれば，崩壊分布図の位置精度も上がる。近年，崩壊分布図の位置精度向上には，空中写真のデジタル化と，パソコン画面上での界線取得が最も貢献している。空中写真のデジタル画像を用いると，パソコン画面上で自由に拡大しながら実体視することができ，2万分

1程度の中縮尺の空中写真画像（400 dpi 以上）からでも，植生に隠れていなければ数 m 規模の崩壊地を判読することができる。さらに，空中写真の正射画像であるオルソ画像を用いて，地形図への転記の工程を無くして直接描画することによって，位置精度が向上する（図 2.2）。近年，航空機・UAV（無人機）搭載のデジタル空中写真カメラの普及により，高精度かつ高解像度なオルソ画像が提供されるようになっている。オルソ画像は，従来手法では，デジタル空中写真カメラの画像や空中写真のフィルムをスキャンしたラスタデータを，航空機カメラの情報や基準点の情報，DEM（標高モデル）を利用して座標情報付きの正射画像にすることによって作成されてきた。近年，写真測量の分野では，SfM（Surface from Motion）・MVS（Multi-View Stereo）という技法によって，多数の空撮写真から画像マッチングにより DCM（Digital Surface Model）とオルソ画像を自動的に生成する手法が開発され，爆発的に普及している（内山ほか，2014）。なおいずれの手法でも，正確なオルソ画像作成には GCP（地上基準点）の設定が重要である。地理院地図（国土地理院）ではオルソ画像を公開しており，作図機能を使って直接描画し kml ファイルを得ることができる。

注意点としては，オルソ画像単独では，土塊の分布などを把握しづらく，空中写真の実体視という作業は省略すべきではない。また，急傾斜な崖や影の部分は，高解像度の画像をもってしても把握が難しい（岩橋，2008）。大縮尺の崩壊地データを作成するためには，現地調査を行い，崩壊発生箇所についての情報を補完することが必要である。なお，個々の斜面管理に利用するような GIS データは，さらに精度を要し，通常，現場で崩壊地を実測した座標値によって作成される。

近年，汎用のタブレット端末やスマートフォンを用い，GNSS ロガーを使って現地調査のトレイルを GIS データとして取得し，その場で電子地図に表示することが可能となっている。スマートフォン搭載のデジタルカメラでは，撮影と同時に位置情報もヘッダーに書き込まれるようになっており，崩壊地の現地座標を取得し，電子地図上に貼り付ける事もできる。ただし，斜面崩壊のフィールドは森林が多く，一般に上空が開けていないため，GPS はじめ GNSS 衛星の通信が難しく，位置精度に欠けるケースも多いことに注意が必要である。

崩壊地や地すべり地形探索に役立つデータとして，航空レーザ測量 DEM の画像処理図がある。航空レーザ測量による DEM は，次の手順によって作成される。まず，航空機に搭載した

図 2.2　空中写真のオルソ画像上で崩壊地の範囲を描画する様子（口絵参照）

レーザスキャナーにより3次元の点群を収集し，樹冠や地物のデータを自動または手動で外し（フィルタリング），地上点の標高モデル（GROUNDデータ）を作成する。それらを補間計算によって格子点データに変換し，DEMを作成する。DEMについては，Mauneほか（2001）に，補間法をはじめ，基本的なことがまとめられている。DEMは，白黒濃淡画像に変換した上，画像処理的手法によって地形の急変部を際立たせた画像に変換することができ，地形の観察に有用である（神谷ほか，2000；Chigira et al., 2004；千葉ほか，2007；岩橋ほか，2011）。近年では赤色立体地図（アジア航測株式会社）が有名である。航空レーザ測量の普及により，DEM画像による地形判読の分野は，ポピュラーなものとなっている。

PCモニタで人間の目で画像を観察する際，一般的に，解像度は100～150 dpi（dot per inch）程度で十分とされている。もしラスタデータの解像度が5 mならば，それを100 dpiで画面表示した場合，縮尺約2万分の1となる。従って，5 m DEMの画像処理図からはモニタ上で100%表示した際の縮尺が2万分1程度のデジタル空中写真に対応した情報が読み取れると考えられる。

図2.3は，新潟県長岡市の，2004年7月豪雨直後の空中写真（左），2007年に撮影されたデジタルフォト（中）及び，航空レーザ測量による2 m DEMを用いて画像処理により急斜面を強調した図（右）である。航空レーザ測量によるDEMからは，空中写真で見える新しい崩壊地の他に，谷頭部の小さな馬蹄形状崩壊跡地など，樹林に覆われた微地形が多数確認できる。

GISを利用する利点は，崩壊分布図の位置精度向上のみでなく，崩壊地の位置情報に属性を付けられ，データベースとして管理できる所にある。成因や岩相，傾斜等を，属性情報として入力し整理しておく事は，後の解析に役立つ。崩壊地の現地調査を行う事によって，地質，地質構造，斜面高，植生など詳しいデータが入手できる（例えば山岸ほか，2005）が，それらを属性として位置情報に貼りつけることができる。ただし，現地調査の結果を崩壊地の属性として入力するなら，それに見合った位置精度を持つ崩壊分布図データの利用が必要である。また，他の主題図等のデータとGIS上で重ね合わせて属性を結合することによっても，崩壊地の位置情報に属性を入力できるが，後述の通り，重ね合わせるデータの縮尺に注意が必要である。

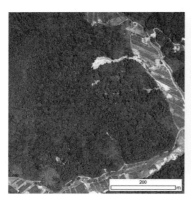  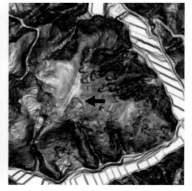

図2.3　2004年7月豪雨後の1：20,000空中写真（左，国土地理院），2007年の航空機デジタルフォト（中，解像度50 cm），同年の航空レーザ測量による2 m DEMから急斜面を濃い色調で表現した図（右）
　　　場所は小木ノ城跡北東の尾根（長岡市）。DEM画像には樹林下の崩壊跡地が見える（例えば黒矢印）。

(2) 地形データ

傾斜等地形量のデータは，斜面崩壊の分析には非常に重要である．地形量のデータは，通常 DEM を用いて GIS ソフトにより計算される．

国内の DEM は，国土地理院で基盤地図情報の標高モデルとして整備・ウェブ公開されている．居住地域を中心に 0.2 秒間隔の経緯度メッシュ DEM（約 5 m；5 m メッシュとサイトで表示．航空レーザ測量または空中写真データのステレオマッチングによるもの），全国整備されているデータとして 10 m（1:25,000 地形図の等高線を利用）の DEM があり，国土地理院ウェブサイトから無料でダウンロード可能であるほか，地理院地図からウェブマップタイル配信されている．

航空レーザ測量のデータの有無については，国土地理院の公共測量のページ，日本測量調査技術協会の航空レーザ測量ポータルサイトから調べることができる．民間の航測会社・地図会社も，一部，航空レーザ測量 DEM を市販している．

都市計画図の等高線を shape 形式や DM（デジタルマッピング）形式で数値化している自治体は多いが，等高線データから，汎用の GIS ソフトを利用して DEM を作成することも可能である．さらに，樹木や地物を外せないという難はあるが，SfM 等のソフトウェアを用いて，空中写真データのステレオマッチングから DSM を作成することも可能である．

DEM から，斜面崩壊に関する主な地形量である傾斜・曲率（地形の凹凸の度合いを数値で表したもの）・斜面方位を計算する方法については，Evans (1980) や Zevenbergen and Throne (1987) によって，3×3 のウィンドウサイズで画像処理的手法を用いて求める手法が考案された．DEM の利用は様々な分野で行われているが，2000 年代に入って GIS と結びつき，利用が盛んになった．傾斜等の地形量の計算・水文解析など，DEM を利用した数値地形解析は，一つの研究分野となっている（Hengl and Reuter, 2009）．

DEM から地形量を求めるには，ArcGIS Spatial Analyst（ESRI）など市販の GIS ソフトウェアの他，フリーソフトでは GDAL，TauDEM（ユタ州立大学），TOPOG（CSIRO Land and Water），Quantum GIS，GRASS 等に，傾斜の計算や水文分析等の機能が装備されている．なお，地形量の定量値は計測スケールによって大きく変化することに注意が必要である（Zhang and Montgomery, 1994）．図 2.4 に示すとおり，DEM の格子間隔によって，表現する地形は大きく異なり，また，計測ウィンドウサイ

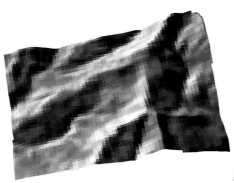 

図 2.4　25 m DEM（左，GISMAP TERRAIN；北海道地図株式会社）および 2 m DEM（右，数値地図 2 m メッシュ標高「中越」；国土地理院）から作成した陰影鳥瞰図
長岡市山古志支所付近．斜面全体にまたがる崩壊や地すべりの解析には左，棚田の土手の崩壊や小規模な崩壊を調べるには右のデータが適していることがわかる．

ズによって地形量は変化する。

（3）崩壊の誘因に関する主題データ

斜面崩壊の誘因は，主として降雨によるものと地震によるものに分類できる。降水量のデータについては，気象庁アメダスが全国を網羅しており，気象統計情報として，時間雨量や風速などの情報がウェブ公開されている。ただし，観測点間の距離が 17 km 程度離れているため，市町村レベルの限られた範囲について詳細な分析を行いたいなら，空間密度が不足している。アメダスを補間するデータとしては，国土交通省河川局が各地に雨量計を設置している（水文水質データベースからウェブ公開）ほか，市町村役場や消防本部，高速道路，ダムなどには通常，雨量計が設置されている。また，東京，大阪，神戸など大都市では，レーダーを用いて 250 m メッシュで雨量の計測が行われている（東京アメッシュ等）。国土交通省の気象レーダ（XRAIN）による降雨状況もウェブ地図上で閲覧できる。ポイントデータを内挿してラスタデータを作成する方法には，IDW（Inverse Distance Weighted）の他に，TIN に変換して内挿する方法や，スプライン法，クリギングなどがある（Maue, 2001）。必要な縮尺（解像度）に対してポイントの密度が充分高いなら，TIN から内挿するべきであるが，アメダスのように空間密度がまばらなデータであれば，スプラインや IDW により内挿するのが一般的と思われる。

地震による強震動の観測データは，広域に全国を網羅するものとしては，k-net および kik-net として防災科学技術研究所のウェブサイトから公開されている。全国に観測点を持っている国は珍しく，日本は強震動に関する情報を得るには有利となっている。また，「揺れやすさ」は，表層 30 m の地震波速度（Vs 30）を地形分類図等のデータで重み付けして空間補間することによって計算される（内閣府，2005）。いくつかの大地震について，斜面崩壊に関連があるとされる地震波速度等の空間分布が推定され発表されている（末富ほか，2006；大野，2013）。

他に，地震による変位が起きた範囲や変位の大きさを推測するための空間データとしては，近年，干渉合成開口レーダー（干渉 SAR）によって捉えられた干渉画像が注目されている。これは，地震前後の合成開口レーダのデータによって，実際に大きな変位が起きた地域を把握するものである。東日本大震災等いくつかの地震イベントや，東成瀬等一部の地すべり地域について，SAR 干渉画像が国土地理院等のウェブサイトから公開されている。中埜ほか（2012）は，2011 年 3 月 11 日に長野県栄村周辺で起きた M 6.7 の地震について，干渉 SAR によって検出された地殻変動発生領域と，地盤変状・斜面崩壊等を GIS 上で重ね合わせて分析し，それらが地殻変動発生領域で起きている事を明らかにした。

（4）その他の主題データ

斜面崩壊の GIS 分析に利用されるその他の重要な主題データとしては，地質・土質分類，土地利用，植生，地層構造，表土層厚等がある。

地質図は，産総研地質調査総合センターの 200 万分の 1 地質図，100 万分の 1 地質図，20 万分の 1 数値地質図が全国整備され，CD-ROM として市販されているほかに，シームレス版の 20 万分の 1 地質図 shape ファイルを産総研ウェブサイトからダウンロードできる。5 万分の 1 地質図についても，地質図類データダウンロードサイトから発行分の shape ファイル・kml ファイルをダウンロード可能である。5 万分の 1 地質図は，図幅ごとに凡例等が異なっており調査者による解釈差も見られるため，複数にまたがる地域を GIS 分析する場合，凡例の統一や接合の作業が必要である。中部・近畿地域等一部

地域については5万分の1シームレス地質図が作成されている。

防災科学技術研究所のウェブサイトから，1:50,000地すべり地形分布図のshapeファイルが公開されている。国土地理院の2万5千分1土地条件図（地形分類図）や災害状況図も，shape形式等で市販・一部公開数値化されている。都市近郊での重要な崩壊素因のひとつである人工改変地（切土・盛土）の分布については，近年になって調査が進められている。通常，改変前と改変後の空中写真や地形図を比較することによって，人工改変地の分布が推定される。住宅地の盛土分布については，大規模盛土造成地として一部の自治体で地図情報が公開されている。植生データは，経年変化が激しい主題図であるが，1:50,000・1:25,000現存植生図が整備されており，環境省自然保護局生物多様性センターのウェブページからshapeファイルをダウンロード可能である。しかし，斜面崩壊のアセスメントに必要な大縮尺の植生データは，オルソ画像等から判読して作成する必要がある。

斜面内部の構造を表すデータとしては，受け盤・流れ盤などの情報や，表土層厚がある。岩橋・山岸（2010）は，5万分の1地質図に記載されている地層面の走向・傾斜の情報をポイントデータとしてGISに取り込んだものと，褶曲軸や断層のラインデータ，斜面の方位のデータから，GISソフトを利用して，鈴木（2000）の分類規準に基づき，斜面を柾目盤・平行盤・逆目盤・dip 40度以上の受け盤・dip 40度以下の受け盤に分類した。このようなデータは，層状の堆積岩類が比較的広い範囲で一定の走行傾斜を持って分布しており，多くの走行傾斜計測結果がある地域について作成できる。しかし，実際の崩壊地の地層構造と整合性のあるデータを作成するためには，斜面方位の把握に航空レーザ測量DEMなど高解像度の地形データを使用する必要がある。

表土層厚は，表層崩壊のファクターとして非常に重要なものである（内田ほか，2010）。通常，現地調査によってポイントデータとして収集されるものであり，斜面単位の大縮尺なフィールドで利用されるデータである。しかし広範囲に計測された例自体がまれであり公開データはない。なお，表土層厚を斜面の曲率で代替する事の是非については議論がある（Asano and Uchida, 2012）。

以上，主題図データについて解説したが，各機関から一般公開される主題図は，年々数値化・大縮尺化・全国整備が進んでおり，本書の出版後入手可能となるGISデータも多いと思われる。ウェブ公開も進んでおり，今後，利用環境は良くなっていくと考えられる。

2.2 縮尺を考慮したデータ選択とデータ規格の統一

収集・作成したGISデータの重ね合わせに際しては，2.1（1）でも述べた通り，原図の縮尺を考慮し，精度的に意味があるのかどうか，まず考察しなければならない。さらに，測地基準および投影法の統一が必要である。

斜面災害の種類は，幅数百m規模の巨大な地すべりから数mの斜面崩壊まで様々であり，その調査法や対策，必要とされる空間データのスケールは異なっている。また，空間データの縮尺が大縮尺になればなるほど，他のデータをオーバーレイするにあたって，利用できる主題図データは少なくなる。例えば，2,500分1都市計画図上や高解像度のオルソ画像上で描画した崩壊分布図に，5万分の1地質図をオーバーレイする際は，崩壊地ポリゴンと地質図のポリゴンをただ空間結合するのではなく，一箇所一箇所，位置ずれの確認と修正が必要になるし，地形と地質境界に整合性が少ない地域ではその推測も難しくなる。

最も一般的な投影法は，経緯度で座標を表す

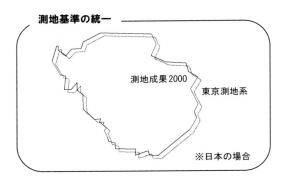

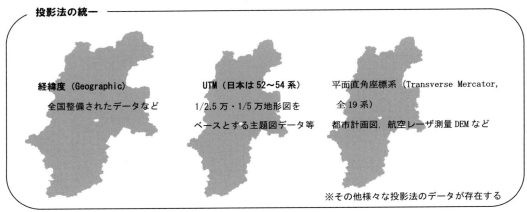

図2.5 測地基準および投影法の統一（イメージ）
通常，汎用GISソフトの投影変換の機能を用いる。

地理座標系（Geographic coordinate system）である。都市計画図や航空レーザDEMなど大縮尺のデータには平面直角座標系，2万5千分1や5万分1地形図をベースとする主題図から作成されたデータは基図と同じUTM座標系がよく使用されている。

測地基準については，古いGISデータには，日本測地系（東京測地系 Tokyo Datumとも；GISソフトではD_Tokyoなどの略号で表示される）であるものもある。2002年に，日本の測地基準は世界測地系（当初は測地成果2000；JGD 2000などの略号）に切り替えられたが，移行期に作成された古いGISデータについては測地系の確認が必要である。日本測地系と世界測地系の位置ずれは東京付近で450m程度である。さらに2011年の東北地方太平洋沖地震を受けて，その地殻変動に対応するため，2012年10月に測量法が改正され，測地成果2011（JGD 2011）に移行した。なお，北海道と西日本では，JGD 2000とJGD 2011は同じである。世界的にはWGS 84（米国基準の世界測地系）が多く使われているが，JGD 2000との差はわずかである。

2.3 データのオーバーレイ

斜面災害の分野でGISが最も利活用されているのは，様々な地図をオーバーレイしたり，面積や長さを計測するといった基礎的な利用法である。各地の県庁がweb-GISによって土砂災害防止法に基づく危険箇所マップを公開しているが，これもGISの重要な利用例といえる。

GISを利用すると，投影情報を持つGISデータは，すべて重ね合わせて観察することが可能である。しかし，まず，元のデータ縮尺を

考慮することと，ターゲットとする崩壊のサイズに応じたスケールを選ぶことが必要である。斜面崩壊の分析に利用されるデータは，紙地図をベースとするデータ（地質図等）・ラスタデータ（DEM など）に大別できるが，その縮尺や解像度・位置精度は様々である。空中写真のオルソ画像も，写真の解像度（古い写真のフィルムをスキャンしたもの～最新の航空機デジタルカメラまで様々），カメラ情報をオルソ化処理の際に用いたか（米軍写真等古い写真ではカメラ情報を得られないものがある），また GCP の配点等によって，位置精度が異なる。

航空レーザ DEM から作成した数 m メッシュの地形データと，市販されている主要な主題図（5 万分の 1 地質図等）をそのまま重ね合わせる事はできない。これは，公的な主題図の基図である 2 万 5 千分 1・5 万分 1 地形図の等高線は，編集によって簡略化されており，上乗せの主題情報もそれに合わせて描画されているからである。さらに，現地で測量した斜面傾斜と GIS 上で DEM から計測した傾斜とは，よほどの高解像度データでない限り一致しない。これは，位置ずれの他，解像度が粗くなるほど同一範囲の平均傾斜が小さくなるというスケール依存性があるためである（Deng et al., 2007）。加えて，DEM が高解像度であるほど地形災害のアセスメントに好都合であるかというと，必ずしもそうではなく（Claessens et al., 2005；Iwahashi et al., 2011），対象とする現象の大きさに応じた縮尺のデータを選ぶ必要がある。

近年の航空レーザ測量の位置精度向上によって，地形データについても多時期の差分解析が可能となってきた事は注目すべきである。崩壊前の地形を知ることや（図 2.7），標高値の差分を取って崩壊深を直接計測することや，画像マッチングの手法によって土地の水平方向の動きを解析すること（向山，2010）が可能となってきている。

2.4 複数データの属性結合および分析

データ規格を統一し，適切な縮尺のデータを選んだ上で，複数データの属性を GIS 上で空間結合することができる。GIS 上での崩壊地の

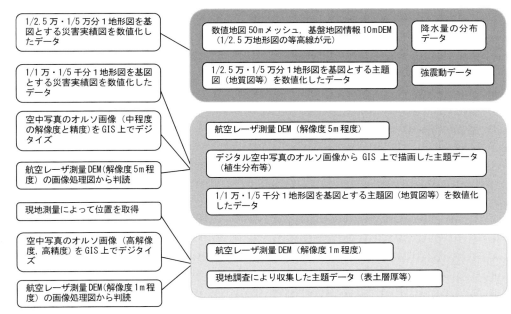

図 2.6　崩壊分布図 GIS データの作成法と，オーバーレイすべき地形データ・主題図データの例。

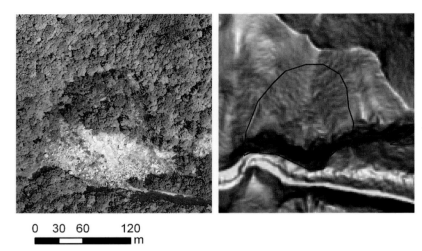

図2.7 2008年岩手・宮城内陸地震による岩盤崩壊のオルソ画像（左；2008年6月16日）と，発災前の2m DEMから作成した傾斜図（右；2006年9月。枠線は崩壊部）（口絵参照）
宮城県栗原市県道42号線沿い，行者滝の西約700 m。（岩橋，2008）

地形解析は，通常，崩壊地の位置情報と，地形データや主題図データを重ね合わせて統計処理をすることによって行われる。統計処理は，具体的には，崩壊地データの属性に，他のデータの属性を結合するなどして，GISソフト上あるいは表計算ソフト・統計ソフトなどで統計処理とグラフ化を行う。例えばshapeファイルに於いて属性が格納されているDBFは，汎用の表計算ソフトで取り扱い可能である。

GISを用いる最大の利点は，単位面積辺りで正規化した統計値を比較的簡単に求められることである（例えばある地域のある地質区分における崩壊地密度など）。分析結果は様々な表やグラフにまとめられる。図2.8は，崩壊分布図データと，航空レーザ2m DEMから計算した傾斜・凹凸度（曲率に近い）をそれぞれラスタ化し，地形量のゾーン毎に崩壊密度を計算した例である。表2.1は，崩壊地ポリゴンの面積の総計と，調査範囲のポリゴンの面積から，崩壊密度を計算した例である。

2.5 多変量解析

崩壊域と非崩壊域のデータに崩壊の誘因・素因のデータを空間結合した結果を表データとして出力したものは，多変量解析によって，誘因・素因の寄与の大きさや，崩壊危険度の推定を行える。GISの草創期から，地すべり等の多変量解析の研究が行われてきた（例えばCarrala et al., 1991）。国内における実践的な例では，土木研究所と民間6社による，GISを利用した道路法面のリスク評価についての報告書（独立行政法人土木研究所・材料地盤研究グループ（地質），2006）がある。

崩壊地の分析に利用される代表的な多変量解析である判別分析は，定量的な説明変数を用いて全サンプルを崩壊・非崩壊といったグループに分類する，教師付き分類手法である（武田・今村，1996）。崩壊地のデータと主題図データを用いて，判別関数係数の大きさによって，ある項目（説明変数）が崩壊，非崩壊の判別に寄与しているか否かを評価できる。Excel（Microsoft），SPSS（IBM），R（フリーソフト）など統計ソフトを利用して多変量解析を行う事が可能である。なお，崩壊地の多変量解析は，他にはロジスティック回帰等の重回帰分析を利用した研究が多い（例えばAyalew and Yamagishi, 2005など）ほか機械学習（SVMなど）の利用も考えられる。

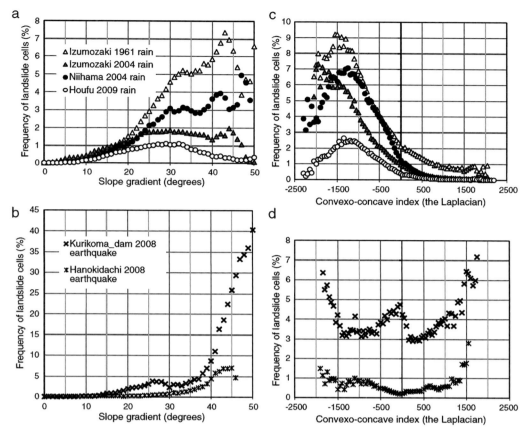

図2.8 新潟県出雲崎地区の1961年8月豪雨・2004年7月豪雨,愛媛県新居浜地区の2004年9・10月豪雨,山口県防府地区の2009年7月豪雨,2008年岩手・宮城内陸地震における栗駒ダム西方地区・はの木立地区の傾斜ごと崩壊密度(a, b)および凹凸度ごと崩壊率(c, d)

航空レーザ測量の2mDEMを使用。岩相は出雲崎・はの木立が主として第三紀堆積岩類,新居浜が白亜紀堆積岩類,防府が花崗岩類,栗駒ダム西方地区が主として火砕岩類である。岩相の違いより誘因の方が崩壊斜面の地形の特徴に影響していることが良く分かる。(Iwahashi et al., 2012)

表2.1 新潟県出雲崎地域の1961年8月・2004年7月豪雨における岩相区分ごと崩壊密度

	1961年8月豪雨 崩壊箇所/km² (A)	2004年7月豪雨 崩壊箇所/km² (B)	A/B	平均傾斜(度)
魚沼層(砂優勢)	134.4	47.8	2.8	21.4
灰爪層(砂質シルト岩)	152.1	56.2	2.7	26.5
西山層(塊状泥岩)	184.3	74.2	2.5	29.9
椎谷層(砂岩優勢)	88.6	43.3	2.0	28.4

傾斜の計算は航空レーザ2mDEMを使用。イベントによって崩壊密度が異なること,椎谷層(砂岩優勢)のみ,急斜面が多いにもかかわらず崩壊発生頻度が小さいことがわかる。
(岩橋・山岸,2010)

岩橋ほか(2008)は,2004年(平成16年)7月の新潟豪雨および10月の新潟県中越地震によって,傾斜5度以上の丘陵地・山地に相当する中新世～更新世堆積岩類の斜面で起きた崩壊について,25mグリッドのレベルで,傾斜,雨量,最大加速度,地質,曲率,地質構造,斜面方位のGISデータを用いて判別分析を行った。判別分析の結果,傾斜は重要なファクター

であるが，豪雨による斜面崩壊では，傾斜以上に日雨量の寄与が大きいこと，西山階泥岩優勢タービダイト層と魚沼層では豪雨と地震に於ける崩れやすさが異なっていたこと，曲率の寄与は豪雨で大きいこと，地質と地質構造の寄与は地震で起きた大崩壊の場合大きいこと，斜面方位の寄与には地域差があることなどが分かった。具体的な分析手法は下記の通りである。

傾斜，日雨量，曲率または曲率の絶対値，地質，地質構造，斜面方位の25mメッシュラスタデータを用いて正準判別分析を行い，判別関数係数を求めると共に，崩壊・非崩壊の別に対するそれぞれの変数の寄与を評価した。分析には統計解析ソフトSPSS（IBM）を用い，変数の投入はステップワイズ法で行った。ステップワイズ法とは，投入した変数の中から，ある規準を満たすに充分な変数のみを選んで回帰式を求める手法で，寄与が不明な大量の変数を使う場合や，変数間に共線性の可能性がある場合には，余計な変数を自動的に除外してくれるため便利である。

データの作成や重ね合わせはArcGIS（ESRI）上で行い，DBF形式の属性ファイルを統計ソフトに持ち込んで判別分析を行った。判別係数は線形関数に近似して求めたため，一部，曲率では，絶対値を使用した（崩壊地密度との関係が線形でないケースがあったため）。変数の中に，降水量・傾斜のように連続値のものと，崩壊地の分布・地質・斜面方位のように定性的なものが混じっていたため，後者については，ある定性的事項がyesかnoかについてのデータ（ダミー変数）を作成して分析を行った。例えば，地質図について，それぞれの凡例に対応してコード番号が入力されているようなデータがあったとすると，これをそのまま多変量解析に用いるのは間違いで，ダミー変数を作って分析しなければならない。具体的には，属性ファイルの中で，ある凡例であるかどうかについて1か0を入力した項目を凡例の数だけ追加して，分析を行った。

説明変数の寄与順位については，連続値のみでなくダミー変数も混じっているため，判別関数係数から直接推測することができない。そのため，すべての説明変数を投入して分析した正答率と，ある説明変数を抜いて分析した正答率の差から，寄与順位を推測した。まず崩壊地の正答率の差を見て，それが同じか近い場合は，全体の正答率の差を見ながら順位付けを行う。なお，同じカテゴリの中であれば，正規化された判別関数係数の値によって，寄与の大小を比較することが可能である。正規化された値を用いて評価したのは，崩壊セルと非崩壊セルの比率や各地質区分の分布面積の比率などが，等分ではなく偏りがあったためである。

2.6 大縮尺データの分析

岩橋ほか（2008）のように，25mメッシュ（2万5千分1～5万分1程度）の中縮尺データの分析では，多種多様な主題図と地形データを重ね合わせて，崩壊実績を教師に多変量解析を行う事が可能である。そのような分析は，斜面崩壊にどのファクターが寄与しているかを統計的に分析し，大まかな崩壊危険度を求めるために重要である。ただし，中縮尺データの分析では，個々の斜面の崩壊予測については，ある程度以上の正答率は得られないであろう。

2000年代に入って，航空レーザ測量の普及によって地形データの大縮尺化が進み，現地斜面の実際の状況と対応が付く傾斜・斜面方位等のデータを作成することが可能となった。それに合わせて，崩壊の多変量解析の分野についても正答率の向上が期待された。

しかしながら，地形の解像度が上がる事は，必ずしも崩壊頻度の推測の向上につながらない（岩橋，2009）。この理由は，まず，DEMから隣接標高点を使って計算される傾斜が，

2 m DEM など大縮尺のデータを用いた場合には細かすぎ，しばしば，崩壊地を代表する傾斜ではない事による。加えて，大縮尺になればなるほど，地表地形と基盤地形の差の乖離が相対的に大きくなること（Heimsath et al., 2001）にも関係すると思われる。なお，前者については，傾斜等を計算する際のウィンドウサイズを大きくしたり（岩橋，2009），小流域ごとに計算する事によって正答率の向上が期待できる。後者については，表土層厚の推定の不確かさをどう定量化するかという工夫が求められている（Asano and Uchida., 2012）。

25 m メッシュでの判別分析において，出雲崎地域の豪雨による小規模な斜面崩壊の最大の素因は傾斜であった（岩橋ほか，2008）。しかし，より厳密に地層構造データを作成した 2 m メッシュでの分析では，比較的安定とされる受け盤が多い岩相の分布域で急斜面が多く，急斜面が多いことが，実際には，必ずしも不安定である事を意味しないと考えられる（岩橋・山岸，2010）。

大縮尺・高精度で GIS データを作成・分析する利点の一つに，崩壊履歴の重ね合わせが可能になることがある。図 2.9 および表 2.2 は，新潟県出雲崎地区の 1961 年 8 月豪雨および 2004 年 7 月豪雨について，1 万～2 万分 1 空中写真のオルソ画像から GIS 上で描画した崩壊地ポリゴンを元に，2 時期の崩壊の位置関係を

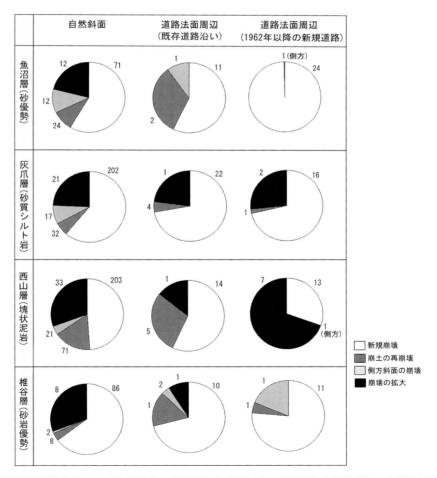

図 2.9 新潟県出雲崎地区における 1961 年 8 月豪雨および 2004 年 7 月豪雨による道路沿いの崩壊の比率の比較
（円グラフは面積比。数字は崩壊箇所数）（岩橋・山岸，2010）

表 2.2　新潟県出雲崎地区における 1961 年 8 月豪雨と 2004 年 7 月豪雨の崩壊位置関係

	崩壊箇所数	%	総崩壊面積（ha）	%	崩壊地面積の中間値（m²）
新規崩壊	724	70.5	13.54	54.0	83
重複	125	9.8	1.78	7.1	60
下方	31	2.4	0.76	3.0	92
側方	59	5.7	1.27	5.1	93
上方	69	5.4	4.28	17.1	307
中間	5	0.4	0.22	0.9	525
重複・大	14	1.1	3.21	12.8	1,874

（岩橋・山岸，2010）

調べたものである（岩橋・山岸，2010）。作業は，GIS 画面上でデータを重ね合わせて表示し，手作業で位置関係を入力して，表計算ソフトで集計して行った。図 2.9 では，道路との位置関係も属性に加えて分析している。属性に加えた理由であるが，2004 年 7 月豪雨では，1961 年より崩壊の発生はずっと少なかった（表 2.1）にも関わらず，実は道路法面での崩壊が目立った。これは，1961 年の時点では，山麓や尾根筋など自然の地形に沿った道路が大部分であったのに対して，2004 年の時点では，山腹を切る形で切り盛りを行ったアスファルト舗装の林道がいくつも新しく建設されており，その法面で崩壊が多数発生した事による。

図 2.9 からは，砂岩の斜面では，1962 年以降に建設された新しい道路法面周辺で起きた崩壊の大部分が新規崩壊であったこと，塊状泥岩では傾向が異なっており，新しい道路法面周辺に旧崩壊地の拡大型の大規模な崩壊が比較的多く見られたことが分かる。表 2.2 からは次の事が読み取れる。2004 年 7 月の崩壊のうち，箇所数で見ると 70%，面積で見ると 54% が 1961 年崩壊地とは離れた全く別の斜面での新規崩壊と見られ，残りが，旧崩壊地と同じ谷壁斜面での崩壊である。旧崩壊地と同じ谷壁斜面での崩壊は，重なり合っているものを重複（1961 年崩壊地はごく小規模だったが 2004 年の崩壊地がはるかに大きいものは重複・大），1961 年崩壊地の下方・側方・上方にあるもの，2 つ以上の 1961 崩壊地に挟まれる形で発生したもの（中間）に分類した。崩壊地面積の中間値から分かるように，「上方」「中間」「重複・大」は大型の崩壊地が多く，以前の崩壊地が拡大するような形で大規模な崩壊が起きたものである。これら拡大型の崩壊の大部分は，「上方」で占められ，旧崩壊地が拡大する形で崩壊した場合，大部分は斜面上方の崩壊であったことが分かる。「重複」と「下方」の箇所数の合計は，1961 年崩壊地と同じ谷壁斜面で起きた崩壊のうち，およそ半数であった。特に「重複」の頻度が高い。これらは規模も小さく，1961 年 8 月豪雨で崩れ残った部分あるいは崩土の再崩壊と考えられる。1961 年崩壊地の側方斜面で崩壊が起きたことを示す「側方」も，小規模な崩壊が多い。なお，新規崩壊の崩壊地面積の中間値は 83 m² で，崩土の再崩壊および側方斜面の崩壊のそれに近い。

2.7　まとめ

本章では，GIS を用いた斜面崩壊の分析について，2010 年前後に行った実践経験を元に，事例を紹介した。

GIS が普及しはじめた 2000 年頃と比べると，斜面崩壊に関連する分野の技術的進歩やデータ公開は急速である。例えば，航空レーザ測量 DEM，高解像度の航空機デジタルカメラによ

る空中写真，干渉SAR，タブレットPCやスマートフォンにおけるGNSS衛星測位と電子地図の装備などは，2000年頃にははまだ普及していなかった．GISソフトも，近年では使い勝手の良いフリーウェアや，スマートフォンのアプリケーションも増えている．空間データの大縮尺化も急速である．データのオーバーレイについては，昨今，ソフト・ハード共，技術の進歩には誠に目覚しいものがある．

一方，空間データの多変量解析や分析という部分では，GIS上で実行可能なアイデアについては，GISの草創期にすでに萌芽として多くの文献で述べられており，逆に，近年のデータの大縮尺化・GISソフトの普及の後も，あまり大きな変化がないのが現状かもしれない．2.5で大縮尺のデータを用いた分析をいくつか紹介したが，大縮尺では，統計的な傾向を分析するより個々の斜面の実際と調和的な成果が求められる．一方，大縮尺になるほど，斜面の中の地層構造や表土層厚など，把握が難しい素因の影響が無視できなくなり，中縮尺での分析とは別の難しさが出てくる．しかしながら，そのような分野の発展こそが，実践的な斜面崩壊GISの発展につながるものと考えられる．

近年，技術の進歩には誠に目覚しいものがある．例えば，発災前後の大縮尺な地形データを得ることなど等高線地図の時代には考えられなかったが，現在は，航空レーザ・地上型レーザやUAVを用いたSfM / MVSの普及によって，一般的になっている．さらに，近年は深層学習等AIを画像分類に利用する動きがあり，崩壊地の判読に用いられる可能性もある．今後も，現時点では考え付かないような応用を含めて，発展していくことであろう．

引用文献

岩橋純子 (2008) 岩手・宮城内陸地震における栗駒ダム西方地域の斜面崩壊. 国土地理院時報, 117, 81-89.

岩橋純子・山岸宏光・神谷 泉・佐藤 浩 (2008) 2004年7月新潟豪雨と10月新潟県中越地震による斜面崩壊の判別分析. 日本地すべり学会誌, 45(1), 1-12.

岩橋純子・山岸宏光 (2010) 新潟県出雲崎地域の1961年8月豪雨および2004年7月豪雨による崩壊地の空間分布の再検討－高解像度オルソ画像と2mDEMによるGIS解析－. 日本地すべり学会誌, 47(5), 274-282.

岩橋純子・佐藤 忠・内川講二・小野 康・下地恒明・星野実 (2011) 航空レーザ測量のDEMから作成した余色立体図等を用いた変動地形の観察. 国土地理院時報, 121, 143-155.

内田太郎・中野陽子・秋山浩一・田村圭司・笠井美青・鈴木隆司 (2010) レーザー測量データが表層崩壊発生斜面予測及び岩盤クリープ抽出に及ぼす効果に関する検討. 地形 31(4), 383-402.

内山庄一郎・井上 公・鈴木比奈子 (2014) SfMを用いた三次元モデルの生成と災害調査への活用可能性に関する研究. 防災科学技術研究所研究報告, 第81号. http://dil-opac.bosai.go.jp/publication/nied_report/PDF/81/81-4uchiyama.pdf (2015年1月13日閲覧)

大野 晋 (2013) 東北地方太平洋沖地震による地震動の特徴. 日本地すべり学会誌, Vol.50, No.2. (印刷中)

神谷 泉・黒木貴一・田中耕平 (2000) 傾斜量図を用いた地形・地質の判読. 『情報地質』Vol.11, No.1, 11-24.

末富岩雄・石田栄介・福島康宏・磯山龍二・澤田純男 (2007) 地形分類とボーリングデータの統合処理による地盤増幅度評価と2004年新潟県中越地震における地震動分布の推定. 地震工学会論文集, 7(3), 1-12.

鈴木隆介 (2000) 建設技術者のための地形図読図入門 第3巻 段丘・丘陵・山地. 古今書院, 942p.

武田裕幸・今村遼平 (1996) 応用地学ノート. 共立出版, 447p.

千葉達朗, 藤井紀綱, 松本淳一, 鈴木雄介, 近藤久雄 (2007) 航空レーザ測量と赤色立体地図による都市部の活断層把握について. 写真測量とリモートセンシング, 46(1), 2-3.

独立行政法人土木研究所・材料地盤研究グループ（地質）(2006) GISを利用した道路斜面のリスク評価に関する共同研究報告書 道路防災マップ作成要領（案）. 共同研究報告書 整理番号第350号, 独立行政法人土木研究所, 130p.

内閣府 (2005) 地震防災マップ作成技術資料. http://www.bousai.go.jp/oshirase/h17/050513siryou.pdf (2013年1月10日閲覧)

中埜貴元・小荒井 衛・乙井康成・小林知勝 (2012) 2011年3月12日長野県・新潟県境付近の地震に伴う災害の特徴. 国土地理院時報, 第123集, pp.143-151.

向山 栄 (2010) 多時期の数値画像マッチングによる

地表変動量計測技術の開発．日本地球惑星科学連合 2010 年大会予稿集．

山岸宏光・丸井英明・渡辺直樹・川邊 洋（2005）2004 年新潟県中越地域 2 大同時多発斜面災害の特徴と比較．新潟県連続災害の検証と復興への視点－2004.7.13 水害と中越地震の総合的検証－．新潟大学・中越地震新潟大学調査団，140-147．

Asano, Y. and Uchida, T. (2012) Flow path depth is the main controller of mean base flow transit times in a mountainous catchment. *Water Resources Research,* Vol. 48, W03512, 8p.

Ayalew, L. and Yamagishi, H. (2005) The application of GIS-based logistic regression for landslide susceptibility mapping in the Kakuda-Yahiko Mountains, Central Japan. *Geomorphology* 65, 15?31.

Carrara, A., Cardinali, M., Detti, R., Guzzetti, F., Pasqui, V., Reichenbach, P. (1991) GIS techniques and statistical models in evaluating landslide hazard. *Earth Surface Process and landforms*, 16, 427-445.

Chigira, M., Duan, F., Yagi, H., Furuya, T. (2004) Using an airborne laser scanner for the identification of shallow landslides and susceptibility assessment in an area of ignimbrite overlain by permeable pyroclastics. *Landslides* 1, pp.203-209.

Claessens, L., Heuvelink, G. B. M., Schoorl, J. M., Veldkamp, A. (2005) DEM resolution effects on shallow landslide hazard and soil redistribution modeling. *Earth Surface Processes and Landforms*, 30, pp.461-477.

Deng, Y., Wilson, J.P., Bauer, B.O. (2007) DEM resolution dependencies of terrain attributes across a landscape. *International Journal of Geographical Information Science,* 21 (1-2), pp.187-213.

Evans, I.S., (1980) An integrated system of terrain analysis and slope mapping. *Z. Geomorph. Suppl. Bd.* 36, pp.274-295.

Hengl, T., Reuter, H. I. (eds.) (2009) *Geomorphometry: concepts, software, applications.* Elsevier, Amsterdam.

Iwahashi, J., Kamiya, I., Yamagishi, H. (2012) High-resolution DEMs in the study of rainfall-and earthquake-induced landslides: Use of a variable window size method in digital terrain analysis. *Geomorphology,* 153-154, pp.29-38.

Maue, D. F. (eds) (2001) *Digital Elevation Model Technologies and Applications: The DEM Users Manual* ASPRS, 539p.

Zhang, W., Montgomery, D.R. (1994) Digital elevation model grid size, landscape representation and hydrologic simulations. Water Resources Research, 30(4), pp.1019-1028.

3 雪崩防災とGIS

西村浩一・平島寛行

3.1 はじめに

いったん斜面上に積もった雪が，重力の作用により肉眼で識別し得る速さで位置エネルギーを変更する自然現象が「雪崩」である。日本雪氷学会（1970）は，目視などによって簡単にわかる雪崩発生時の状況，すなわち，雪崩発生の形，雪崩層（始動積雪）の乾湿，雪崩層（始動積雪）のすべり面の位置に主体をおき，表3.1に示す8種類の分類名称を定めた。雪崩層（始動積雪）とあるように，雪崩末端の積雪やデブリが濡れていても，発生点の雪が乾いていれば乾雪雪崩，また雪崩末端付近では全層雪崩であっても，発生域ですべり面が積雪内部にあれば表層雪崩として分類される。また，確認できない要素がある場合には，それを省略して，乾雪表層雪崩，面発生表層雪崩，表層雪崩，全層雪崩などと呼ばれる。

一方，運動形態からは「流れ型」と「煙り型」に大別される。後者は発生上の分類からは「面発生乾雪表層雪崩」に対応する場合が多い。春先に多く発生する全層雪崩は，一般に10〜30 m/sと比較的低速であるが，煙り型に発達した表層雪崩の速度は80 m/sに達することもある（図3.1）。煙り型雪崩は，図3.2に示すように，一般に雪煙り層（Suspension layer）と流れ層（Dense-flow layer），さらには両者の遷移層（Saltation layer）という3層構造を持つと考え

表 3.1 雪崩の分類名称

雪崩分類の要素	区分名	定　義
雪崩発生の形	点発生	一点からくさび状に動き出す。一般に小規模
	面発生	かなり広い面積にわたりいっせいに動き出す。一般に大規模
雪崩層（始動積雪）の乾湿	乾　雪	雪崩層が水気を含まない
	湿　雪	雪崩層が水気を含む
雪崩層（始動積雪）のすべり面の位置	表　層	すべり面が積雪内部
	全　層	すべり面が地面

		雪崩発生の形				
		点発生		面発生	
雪崩層（始動積雪）の乾湿	乾　雪	点発生乾雪表層雪崩	点発生乾雪全層雪崩	面発生乾雪表層雪崩	面発生乾雪全層雪崩
	湿　雪	点発生湿雪表層雪崩	点発生湿雪全層雪崩	面発生湿雪表層雪崩	面発生湿雪全層雪崩
		表層（積雪内部）	全層（地面）	表層（積雪内部）	全層（地面）
		雪崩層（始動積雪）のすべり面の位置			

資料）日本雪氷学会（1998）積雪・雪崩分類．

図 3.1　煙り型雪崩

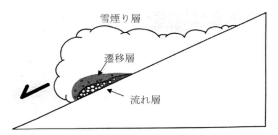

図 3.2　煙り型雪崩の内部構造の模式図

られている．雪崩は固気二相流である場合が多いが，積雪が水で飽和して流動する場合は「スラッシュ雪崩」もしくは「雪泥流」と呼ばれる．

3.2　雪崩の発生メカニズム

　斜面上の積雪には，重力により斜面方向に落下しようとする力がつねに作用している．この駆動力が，雪粒子間の結合や，草木，地面との摩擦などの抵抗力を上回ったときに雪崩が発生する．こうした観点から，多量の降雪や吹きだまりの形成などにより駆動力が増加して，限界抵抗力を上回ったときに発生するのが「表層雪崩」，これに対して，駆動力である積雪重量が変化しないのに，限界抵抗力である地表面の摩擦力が融雪水や雨水の浸透等により減少したときに発生するのが「全層雪崩」と言うこともできる．

　表層雪崩は，積雪内の一つの層を境として，その上に積雪が滑り落ちる雪崩である．この雪崩には，一点から発生しクサビ状に拡がる「点発生雪崩」と，広い面積にわたる積雪が一斉に動き始める「面発生雪崩」がある（表 3.1）．なかでも面発生の表層雪崩は規模が大きく，前ぶれもなく突然発生するため，最も恐れられている．また，人が斜面に入り込んだ刺激によって発生することも多く，登山者の雪崩事故の大半はこの面発生の雪崩によって起こっている．

　弱層となる雪に共通する点は，雪粒同士の結合部分が細く弱いことであるが，雪粒の形や大きさにもそれぞれ特徴がある．現在，弱層となる雪としては，雲粒のない大きな平板状の降雪結晶，あられ，しもざらめ雪（こしもざらめ雪を含む），表面霜，濡れざらめ雪の 5 種類が知られている．

　地面を境にして，その上に積もった積雪全層が崩落する全層雪崩は，一般に地面での積雪のグライドの結果として発生する．積雪のグライドは，積雪底面が凍結していない場合に，積雪底面の薄い水膜の存在と地面の凹凸・障害物周辺の雪のクリープによって起こる．このため雨水や融雪水の浸透により積雪底面の含水率が増加すると，グライド速度は速くなる．全層雪崩が春先の融雪期に多く，冬でも気温の高い日が続く時や激しい降雨時に発生しやすいのはこのためである．

　以下では，こうした雪崩発生の危険度に加え，発生した雪崩がどの経路をどれ位の速度で流れ，どこまで達するかを，GIS を活用して予測する試みを紹介する．

3.3　GIS を活用した危険度の予測

(1) 中越地震被災地における全層雪崩の発生危険度予測

　本節では，2004 年 10 月の新潟県中越地震により崩壊した斜面を対象に，GIS を活用して雪崩発生危険度分布の作成と雪崩解析を行った結果を紹介する．

　McClung（1975；1981）は全層雪崩が発生する条件として，次の 3 つの地形的要因を挙げて

いる。

① 岩肌や草地のように滑らかな斜面であること。
② 地面と雪の境界が0℃であること。
③ 傾斜が15度以上であること。

新潟県中越地区は温暖な積雪地帯であるため、地面と雪の境界はほぼつねに0℃であり、山間地の斜面の傾斜はほとんど15度を超える。元来は森林地帯であったが、地震による斜面崩壊で地面が露出して、滑らかな斜面となった。そこで平島ほか（2005）は、GISを活用して崩壊斜面における雪崩発生危険度分布を作成するとともに、その検証を行った。

分布図の作成にあたっては、まず斜面崩壊による地表面状態の変化が雪崩発生危険度に与える影響に着目し、崩壊斜面－積雪間の摩擦係数を測定する実験を行った（図3.3）。

実験では、崩壊斜面(a)から土壌を採取してトレイに入れ(b)、その上に湿雪を固めて載せ(c)、トレイを徐々に傾けて雪が滑り落ちる角度（静止摩擦係数）を測定した(d)。また外力を加えた際に滑り落ちる傾斜角も測定し、動摩擦についても考慮した。なおトレイ中の土壌の厚さは約2cmで、自由水が存在しない程度に濡れている状態であった。

実験の結果、積雪底面の含水率と滑りを開始する傾斜角には負の相関があり、含水率の増加により全層雪崩が発生しやすくなることが示唆された。積雪の滑り落ちた傾斜角の最小値は、外力を加えた場合は22度だったのに対して、加えない場合は33度、また40度以上になると4％程度の底面含水率でも滑り落ちる結果となった。

実験結果をもとに、10％の安全率を考慮して、崩壊斜面の傾斜角θ（度）を以下の4段階に分類した。

1) $\theta < 20$…雪崩発生の危険性は比較的低い
2) $20 \leqq \theta < 30$…条件次第で雪崩が発生する

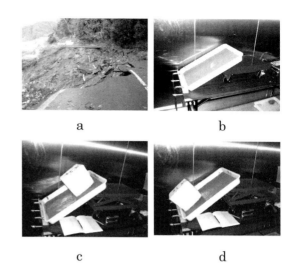

図3.3　積雪と崩壊斜面の土壌の摩擦測定実験

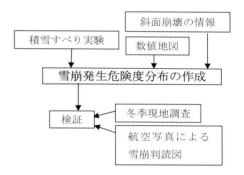

図3.4　雪崩発生危険度を算出するフローチャート

3) $30 \leqq \theta < 40$…雪崩発生の危険性が高い
4) $40 \leqq \theta$…いつ雪崩が発生してもおかしくない

上記の結果に基づき、斜面崩壊地を対象に、次に示す手順で危険度分布を作成した（図3.4）。まず、国土地理院のwebに掲載された平成16年新潟県中越地震災害状況図から崩壊斜面領域を抽出した。次に、上記の領域に対して、デジタル標高モデルを用いて各崩壊斜面の傾斜角の分布を算出し、上記の4段階の危険度に基づいて雪崩発生危険度分布図を作成した。標高モデルは、崩壊斜面のスケールに対応する高い解像度を得るため、GISMAP Terrain（北海道地図株式会社）の10mメッシュの値を用いた。

こうして作成された危険度分布図（図3.5）は、航空写真を用いた雪崩判読によって検証が行わ

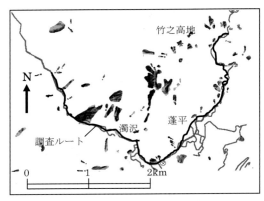

図 3.5 雪崩発生危険度分布（長岡市濁沢，蓬平地区）
色は危険度を表す．▨ 比較的危険は少ない，▨ 条件次第で雪崩発生，■ 雪崩発生の危険性が高い，■ いつ雪崩が発生してもおかしくない

表 3.2 危険度分布の検証結果

最大傾斜角（度）	危険度判定	件数	雪崩が発生していた崩壊斜面
20 未満	危険性は比較的少ない	23	0 （ 0%）
20 ～ 30	条件次第で雪崩が発生	24	1 （ 4%）
30 ～ 40	雪崩発生の危険性が高い	69	11 （16%）
40 以上	いつ雪崩が発生してもおかしくない	215	110 （51%）
合　計		331	122 （37%）

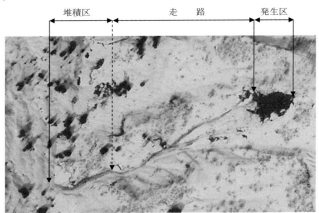

図 3.6 空中写真で認められた全層雪崩の例（口絵参照）

れた（表 3.2）。対象地域は特に地震で大きく被災した山古志南部の $3.9 \times 5.4 \mathrm{km}^2$ である。安全と判断された崩壊斜面では雪崩がほとんど発生しなかった一方，危険と判断された崩壊斜面の 50% 以上で発生し，危険度判定のアルゴリズムがほぼ妥当であることが証明された。

平島ほか（2005）はまた，航空写真撮影の結果と航空機搭載のレーザ計測による高精度の標高モデルを用いて雪崩発生域の分布を解析した。中越地震により大きな被害を受けた旧山古志村を中心とした地域を対象に，2005 年 3 月 24 日に被災地上空から空中写真を撮影し，表層雪崩や全層雪崩の発生とクラックや雪庇の生成を判読した。その結果，2,140 の全層雪崩，361 の表層雪崩の発生が確認された。

判読に用いる基本図は，小規模な雪崩も高い精度で地形図上に移写するため，レーザ計測データをもとに作成した縮尺 5 千分の 1 と 1 万分の 1 の平面図を用いた。なお，レーザデータの計測密度は概ね間隔が 1 ～ 2 m 程度であり，地形コンター図は樹木や建物などの地物をフィルタリング処理によって取り除いて作成した。

図 3.6 は航空写真から判読した全層雪崩の一例である。この雪崩は，発生区と走路・堆積区が明瞭な事例であり，流下水平距離は約 520 m である。雪崩の走路は 3 経路認められ，これらが合流してさらに流下した形状を示している。移写に際しては，地形図の等高線から判別した

3 雪崩防災とGIS　43

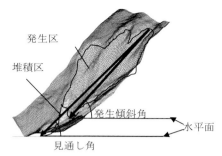

図3.7　GISを用いた雪崩発生の3次元表示と雪崩発生傾斜角，見通し角の概略図

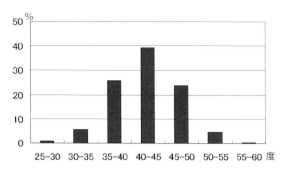

図3.8　全層雪崩の発生傾斜角の頻度分布

地形や傾斜と写真を比較しながらその位置を記入した。

判別された各雪崩に対して，レーザ計測のデータと組み合わせて図3.7のような立体画像を得るとともに，各々の雪崩に対し以下の方法で発生傾斜角や見通し角を求めた。このうち傾斜角 θ は雪崩発生区の最高地点から最低地点までの水平距離および高度差を求め，次式から計算した。

$$\theta = \tan^{-1}\left(\frac{H_{max} - H_{min}}{L}\right) \quad \cdots\cdots (1)$$

ここで，H_{max} は雪崩発生区の最高高度，H_{min} は同最低高度，L は最高地点から最低地点までの水平距離である。一方，見通し角は各雪崩の発生区の最高地点から堆積区で最も離れた地点までの水平距離を式（1）の L，その地点の標高を H_{min} として用いた。

ただし，こうした単純な算出方法では発生傾斜角や見通し角を正確に記述できないケースも存在するため，図3.7で示したような立体画像を用いて逐次目視で確認を行った。

以上の手法で解析した雪崩発生傾斜角は，図3.8に示すように40〜45度にピークを持つ分布を示し，平均値は43.3度となった。また，崩壊斜面ではそれ以外の場所に比べて，比較的緩やかな斜面での雪崩の発生頻度が増加するという結果も得られた。

(2) 積雪変質モデルを用いた雪崩発生危険度の予測

雪崩発生に関しては，気象条件から積雪の層構造を求める積雪変質モデルを使って，広域にわたる危険度予測を行う研究も行われている（佐藤ほか，2003；Yamaguchi et al., 2004）。ここでは，Hirashima et al.（2008）が新潟県津南町を対象に，積雪変質モデル（SNOWPACK）を用いて行った雪崩予測の計算手法と結果を紹介する。当地では平成18（2006）年豪雪の際に最大積雪深が4mに達し，雪崩発生の危険度が高いとして長期間国道が閉鎖された。

SNOWPACK はスイスで開発されたモデルで，気温，湿度，風速，風向，日射量，長波放射量，降水量または積雪深を入力すると，積雪の堆積，変質，融解過程を計算して，積雪の雪質，温度，密度構造，せん断強度分布などが出力される1次元モデルである。

入力する気象データは，津南における気象庁アメダスの測定値（毎時の気温，風向，風速，日照時間，降水量と積雪深）を用いた。日射量と長波放射量は日照時間を用いた推定式（近藤ほか，1991）から算出した。これらのデータを入力して求められたアメダス地点での雪質の変化の様子を図3.9に示す。

本研究では，この SNOWPACK モデルを用いて，積雪構造と安定度のより広域にわたる面的な予測も行われた。気象条件は GISMAP Terrain の10mメッシュの DEM（デジタル標

44　第Ⅰ部　防災GIS

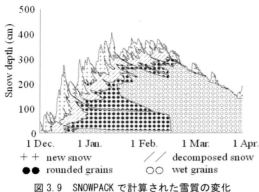

図3.9　SNOWPACKで計算された雪質の変化
（2005年12月〜2006年4月）

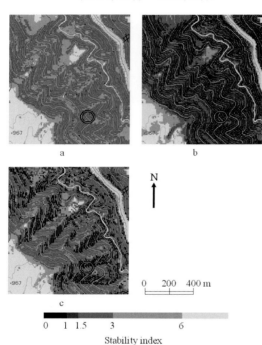

図3.10　積雪安定度分布の計算結果
a：12月23日，b：12月24日，c：12月25日
図中の〇は雪崩発生地点．

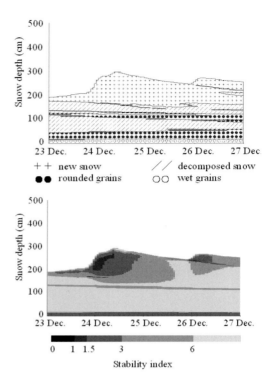

図3.11　雪崩発生前後の雪質（上）および
積雪安定度（下）の変化
雪崩は12月24日午前9時40分頃に発生した．

雪崩予測精度を得るには対象域の風の分布を得ることが望ましいが，流体の方程式を解いて複雑地形上の風の分布を計算するには多くの時間を要する。単純な式を用いて風の分布を得る試みもあるが（例えばListon and Sturm, 1998），精度の検証は行われていない。こうした事情に加え，対象域が比較的温暖で地吹雪が発生しにくい場所であることを踏まえ，本研究では領域内の風速は一定と仮定した。

図3.10は，新潟県津南町前倉付近の1km×1kmの範囲を対象に行った2005年12月23日〜25日の積雪安定度分布の計算結果である。12月24日には著しく積雪が不安定になるという予測に対し，実際に午前9時40分頃に〇で示した地点で雪崩が発生した。図3.11に雪崩発生前後の雪質および安定度の変化を示した。

12月23日夜から24日朝にかけて多量の降雪があり，この上載荷重の増加が圧密による強

高モデル）を活用して，各格子点における値を以下のように算出した。

・気温はアメダス地点と各格子点の標高差から逓減率（100m当たり0.65℃）を用いて求めた。

・各格子点での傾斜角と傾斜方向を求め，その値から太陽方位と太陽高度角を算出して日射量を得る。

・各格子点における風速や風向は積雪の再配分や雪庇の形成に影響を与える。このため高い

度の増加を上回って積雪が不安定となり，雪崩発生に至った様子が図 3.10b から確認できる。しかし，予測によれば，当日は雪崩発生地点だけでなくほとんどの急斜面において積雪状態が不安定になっているなど課題も多い。

今後，空間的な雪崩危険度の予測精度を向上させるためには，雪庇の形成や吹きだまりの形成による積雪の不均一な分布のモデル化，さらには植生を含めた地表面状態の考慮が不可欠であり，GIS のより高度な活用が期待される。

3.4 GIS を活用した雪崩運動モデルの開発

(1) 雪崩の運動モデル

スイス，フランス，イタリア，オーストリア，ノルウェー，アメリカ，カナダそして日本を含めた世界の多くの雪崩国では，雪崩そのものの観測と並行して，その運動や到達距離を記述するモデルが数多く開発されてきた。蓄積された多量の雪崩データにもとづき統計解析から雪崩走行距離を判定するモデルに加え，雪崩の運動そのものを記述するモデルも 1955 年の Voellmy の定式化にはじまり数多く存在する。それらは，おおよそ次のように総括できる。

① 雪崩を「剛体もしくは質点」と仮定する。
② 「連続体」とみなして構成関係（応力 - ひずみ関係）を与える。さらには，
③ 粒子間の衝突による力の伝達と相互変位に着目した「粒状体」モデルを適用する。

いずれのモデルも一応の成果はあげてはいるが，雪崩の内部構造，雪の取り込みや堆積等に関連した未知のパラメータが多数含まれており，改善すべき課題も多い。ただ，実際の雪崩のデータが質，量ともに限られているため，それぞれのモデルの有効性，正当性を評価するのも難しいというのが現状である。

以下では，上記の試みのうち質量中心と連続体モデルを取り上げ，それぞれ GIS を活用して流れ型雪崩の運動を求めた研究例を紹介する。

(2) 質量中心モデル

雪崩を剛体とみなして，雪崩走路上でその質量中心の位置を求めるモデルである。曲率の変化する雪崩走路上でその質量中心の位置を議論するモデルの代表的な例としては，Perla *et al.* (1980) により提案された PCM モデルがあげられる。

このモデルでは，雪崩に作用する抵抗として，クーロン摩擦，走路の曲率に基づく遠心力，乱流抵抗そして積雪の除雪抵抗を考慮している。クーロン摩擦の項は走路に沿って鉛直方向に作用する力と摩擦係数 μ の積で表されるが，残りの 3 項はすべてその場所での接線方向の速度の 2 乗に比例すると考えられるため，質量と抵抗の比 M/D と一括して 1 項にまとめると以下の式が導かれる。

$$\frac{1}{2}\frac{du^2}{ds} = g(\sin\theta - \mu\cos\theta) - \frac{D}{M}u^2 \quad \cdots (2)$$

ここで θ は走路上 s における斜度，g は重力加速度で，実際の計算は走路を一定の傾斜角と抵抗パラメータをもつ細かい要素に分割して行われている。

このモデルでは μ と D/M という 2 つのパラメータをいかに決定するかが課題となる。Perla (1980) によれば，速度の 2 乗に比例する抵抗のうち空気抵抗（*air drag*）と除雪抵抗（*plowing force*）は以下の形で表現される。

$$air\ drag = \frac{1}{2}AC_D\rho_a u^2 \quad \cdots (3)$$

$$plowing\ force = A_s\rho_a\left(\frac{\rho_1 + \rho_0}{\rho_1 - \rho_0}\right) \quad \cdots (4)$$

ここで A は空気抵抗が作用する雪崩の断面積，C_D は抵抗係数，ρ_0 と ρ_1 は雪崩通過前後の雪の密度，A_s は除雪抵抗が作用する雪崩の面積である。

こうしたモデルでは，雪崩の走路をあらかじめ固定して計算を行うが，実際の雪崩は仮に出発点を定めても，その規模や速度などに依存す

る慣性効果により運動の「横ずれ」が生じる。この効果を定量的に見積もる目的で，Nohguchi (1989) は，雪崩の質点モデルを以下のように拡張した。一般の地形を

$$z = f(x, y) \quad \cdots (5)$$

で表すと（z は鉛直上向き，xy 面は水平面），この地形面上に拘束された質量 m の物体（雪崩）の運動は，解析力学により，以下のように記述できる。

$$\frac{d\dot{x}}{dt} = -\frac{f_x}{1+f_x^2+f_y^2}g' - \frac{R}{m}\frac{\dot{x}}{V} \quad \cdots (6)$$

$$\frac{d\dot{y}}{dt} = -\frac{f_y}{1+f_x^2+f_y^2}g' - \frac{R}{m}\frac{\dot{y}}{V} \quad \cdots (7)$$

$$\frac{dx}{dt} = \dot{x}, \quad \frac{dy}{dt} = \dot{y} \quad \cdots (8)$$

ただし，

$$g' = f_{xx}x^2 + 2f_{xy}xy + f_{yy}y^2 + g \quad \cdots (9)$$
$$u = \sqrt{\dot{x}^2 + \dot{y}^2 + \dot{z}^2} \quad \cdots (10)$$

式(6)から式(10)は抵抗力の項 R/m と地形面の空間1次微分 f_x, f_y （地形面の傾斜）と空間2次微分 f_{xx}, f_{xy}, f_{yy} （地形面のゆがみ）を与えることで解くことができる。抵抗力 R は，速度の2乗に比例するとして以下のように与えた。

$$R = m\delta u^2 \quad \cdots (11)$$

さまざまなモデル地形や実際に雪崩が発生した地形上での運動走路を，Runge-Kutta 法により計算し，慣性効果により速度が大きいものほど地形の横方向の変化に鈍感で直進的であること，またこうした「横ずれ」の性質を利用して，走路の情報から速度を含めた雪崩の運動が再現可能であることを示した。しかし式(11)の抵抗力表現では，雪崩の停止までの過程を表現することはできなかった。

Nishimura and Maeno (1989) は，「流動化した雪」の構成関係を実験で求め，雪崩の運動に作用する抵抗力としては，クーロン摩擦抵抗や

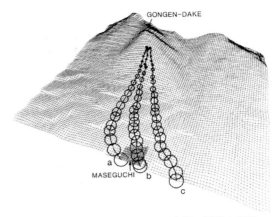

図3.12　3次元地形図上に示した柵口雪崩の走路
デジタル標高モデルの格子間隔は 25 m で，下流の黒い領域が雪崩被災地である．計算は 0.1 秒毎に行い，図上には 2 秒毎の位置を示した．

速度の2乗に比例する乱流抵抗に加えて，「粘性抵抗」を考慮すべきであると主張した。さらに，雪の取込みとクーロン摩擦に速度依存性を組み込んで，納口と同様に雪崩の質量中心の運動を任意の3次元地形上で計算するモデルを作成し，雪崩の走路と速度変化を計算した。

新潟県能生町柵口の権現岳において 1986 年 1 月 26 日夜に発生し，13 名の犠牲者を出した雪崩を対象に計算を行った結果を図3.12に示す。雪崩は平均斜度約 45 度の急斜面で速度約 55 m/s に達した後，平均斜度約 12 度の緩斜面に入り，減速しながら進路を左に変えて被災地の柵口に向かっている様子がわかる（前野・西村，1987）。

(3) 連続体モデル

「流れ型雪崩」の運動モデルは，その多くが上述のように雪崩全体を平均化し，質点または剛体と見なして記述するものであった。最大到達距離や速度が再現されるよう抵抗係数等のチューニングが進められてきたが，雪崩の高さ，3次元の地形上での広がりの情報が得られないなど，防災上不充分な点が多かった。

雪崩は巨視的に見ると液体のような振る舞いをするが，微視的には雪粒子や，雪塊を要素と

する固体粒子集団がお互いに相互作用をしながら流れ下る運動である。

Savage and Hutter（1989）は，空気抵抗の無視できるスケールでの有限な一定量の粒状体の傾斜流に対する2次元の運動方程式を連続体の方程式から導いた。この方程式は斜面方向の速度を厚さ方向に平均したもので，非圧縮性，非付着性が仮定されており，粒子集団の物性値としては，クーロンの境界摩擦角 δ と内部摩擦角 ϕ が含まれるだけである。

このモデルでは，変数は雪崩の先端から後端までの雪崩の厚さ h と流れ方向の速度の厚さに関する平均値 u であり，雪崩の発生から停止までの雪崩本体の変形と流れ方向の速度分布の変化を記述する。その後，約20年にわたりモデルの3次元化，斜面の曲率が大きい場合への拡張，さらにガラスビーズなどの粒子を用いた数 m 程度のスケールのモデル実験との比較検証が実施されている（Pudasaini and Hutter, 2007）。

西村ほか（2004）も上記の粒状体モデルに基づき，質量保存と運動量保存を以下の式で与える連続体モデルを提案した。

$$\frac{\partial h}{\partial t}+\frac{\partial}{\partial x}(hu)+\frac{\partial}{\partial y}(hv)=0 \quad \cdots (12)$$

$$\frac{\partial}{\partial t}(hv)+\frac{\partial}{\partial x}(hv\cdot u)+\frac{\partial}{\partial y}(hv\cdot v)$$
$$=-\frac{1}{2}\frac{\partial}{\partial y}(gh^2\cos\theta)+gh\sin\theta_y+F_y \quad \cdots (13)$$

$$\frac{\partial}{\partial t}(hu)+\frac{\partial}{\partial x}(hu\cdot u)+\frac{\partial}{\partial y}(hu\cdot v)$$
$$=-\frac{1}{2}\frac{\partial}{\partial x}(gh^2\cos\theta)+gh\sin\theta_x+F_x \quad \cdots (14)$$

ここで，x, y は斜面に平行な座標系，θ は斜面の傾斜角，h は雪崩の厚さ，u と v は x と y 方向の雪崩の速度である。F は摩擦力で，クーロン摩擦のほか，フルード数と厚さの関数として与えることもできる。

上記のモデルを1次元化し，低温室で実施した実験結果との比較を行った。物理量（厚さ）の局所的な変化の状況に従って差分を切り替える TVD スキームを用いて数値振動を抑えるなどの工夫を行った結果，ほぼ妥当な結果が得られるに至った。しかしこの手法を拡張して現実の地形上での雪崩の運動を議論するためには，計算の安定性など数多くの克服すべき課題が残された。

そこで，土石流や地すべり等の乾燥粒状体の流れを対象に開発され，すでに実際の地形上での溶岩流等のシミュレーションにも実績がある TITAN2D（Pitman et al., 2003）を，雪崩の運動への適用を試みた。このモデルも，非圧縮性のクーロン連続体の流れを記述するもので 質量保存と運動量保存はそれぞれ以下の式（15），（16）で与えられる

$$\frac{\partial h}{\partial t}+\frac{\partial hv_x}{\partial x}+\frac{\partial hv_y}{\partial y}=0 \quad \cdots (15)$$

$$\frac{\partial hv_x}{\partial t}+\frac{\partial\left(hv_x^2+.5k_{ap}g_zh^2\right)}{\partial x}+\frac{\partial hv_yv_x}{\partial y}$$
$$=g_xh-\frac{v_x}{\sqrt{v_x^2+v_y^2}}\left[g_z+\frac{1}{\kappa_x}v_x^2\right]h\tan(\phi_{bed})$$
$$-\operatorname{sgn}\left(\frac{\partial v_x}{\partial y}\right)hk_{ap}\frac{\partial hg_z}{\partial y}\sin(\phi_{int}) \quad \cdots (16)$$

ここで ϕ_{bed} は底面摩擦，ϕ_{int} は内部摩擦である。v_x と v_y は x と y 方向の雪崩の速度で，y 方向の運動量も式（16）と同様に表現できる。

1998年1月28日にニセコアンヌプリの春の滝で発生した雪崩を対象に，10 m グリッドのデジタル標高モデルを用いて計算を行った結果を図3.13と図3.14に示す。雪崩は地形の影響を受けて高さ，幅，長さを変化させながら谷を流れ下り，発生から10秒後に速度は32 m/s，流れ層の厚さは約4 m に達している。

参考文献

近藤純正・中村亘・山崎剛（1991）日射量および下向き大気放射量の推定．天気, 38, pp.41-48.

佐藤篤司・石坂雅昭・清水増治郎・小林俊市・納口恭明・西村浩一・中井専人・山口悟・岩本勉之・佐藤威・

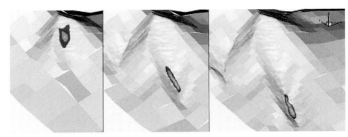

図3.13 連続体モデルによる雪崩（流れ層）のシミュレーションの結果（Ⅰ）
1998年1月28日にニセコアンヌプリの春の滝で発生した雪崩を対象に，10 mグリッドのデジタル標高モデルを用いて計算を行った．

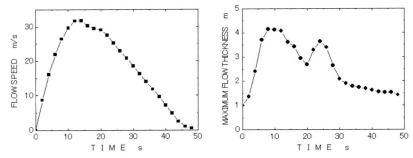

図3.14 連続体モデルによる雪崩（流れ層）のシミュレーションの結果 Ⅱ
左：雪崩の流下速度（平均），右：雪崩の厚さ（最大値）の変化．計算条件は図3.13と同じ．

阿部修・小杉健二・望月重人（2003）雪氷災害発生予測システム．寒地技術論文・報告集，19，pp.786-789.

西村浩一・納口恭明・常松佳恵（2004）雪崩の連続体モデルの開発Ⅰ．2004年度日本雪氷学会講演予稿集，B3-5，p.216.

日本雪氷学会（1970）なだれの分類名称．雪氷の研究，4，pp.53-57.

平島寛行・西村浩一・山口悟・佐藤篤司（2005）中越地震による崩壊斜面と全層雪崩の発生．寒地技術論文・報告集，21，pp.308-312.

前野紀一・西村浩一（1987）3次元地形における雪崩運動の数値計算．低温科学（物理篇），46，pp.99-110.

Hirashima, H., Nishimura, K., Yamaguchi, S., Sato, A., and Lehning, M. (2008) Avalanche forecasting in a heavy snowfall area using the snowpack model, *Cold Regions Science and Technology*, 51(2-3), pp.191-203.

Liston, G. E. and Sturm, M. (1998) A snow-transport model for complex terrain. *Journal of Glaciology*, 44, pp.498-516.

McClung, D. M. (1975) Creep and the snow-earth interface condition in the seasonal alpine snowpack. *International Association of Hydrological Sciences Publication 114* (Symposium at Grindelwald 1974 Snow Mechanics), pp.236-248.

McClung, D. M. (1981) A physical theory of snow sliding. *Canadian Geotechnical Journal*, 18(1), pp.86-94.

Nishimura, K. and Maeno, N. (1989) Contribution of viscous forces to avalanche dynamics. *Annals of Glaciology*, 13, pp.202-205.

Nohguchi, Y. (1989) Three-dimensional equations for mass centre motion of an avalanche of arbitrary configuration. *Annals of Glaciology*, 13, pp.215-217.

Perla, R. I., Cheng, T. T. and McClung, D. (1980) A two-parameter model of snow-avalanche motion. *Journal of Glaciology*, 26(94), pp.197-207.

Perla, R. I. (1980) Avalanche release, motion, and impact. In *Dynamics of snow and ice masses* (ed. by S. C. Colbeck), Academic Press, pp.397-462.

Pudasaini, S. P. and Hutter, K. (2007) *Avalanche Dynamics; Dynamics of rapid flows of dense granular avalanches*, Springer, 602p.

Pitman, E. B., Patra, A., Bauer, C., Nichita, C., Sheridan, M. and Bursik, M. (2003) Computing granular avalanches and landslides. *Physics Fluids*, 15, pp.3638-3646.

Savage, S.B. and Hutter,K. (1989) The motion of a finite mass of granular materials down a rough incline. *Journal of Fluid Mechanics*, 199, pp.177-215.

Voellmy, A. (1955) Uber die Zerstorungskraft von Lawinen, *Bauzeitung*, 73, pp.159-165.

Yamaguchi, S., Sato, A. and Lehning, M. (2004) Application of the numerical snowpack model (SNOWPACK) to the wet snow region in Japan. *Annals of Glaciology*, 38.

4 効果的な災害対応を支援するための地図活用
－2007年新潟県中越沖地震から学ぶこと，そして未来へ向けて－

浦川　豪

4.1 活動の背景

　質の高い災害対応を実現するためには，各関係機関が状況認識の統一を図り，有機的に連携して対応を進めることが必要である。そのためには，GISを用いて被災状況と対応状況を「見える化」し，それにもとづいて意思決定を行うことが有効である。これは災害対応に関わるものにとって常識である。しかし，その常識が実現されたことは，2007年新潟県中越沖地震まで一度もなかった。

　平成16（2004）年新潟県中越地震では，全国のGIS関係者がボランティアとして結集した。「新潟県中越地震復旧・復興GISプロジェクト」が立ち上がり，インターネットを介して災害対応関連情報の統合化を図り，被災地での災害対応を支援する活動を実施した。この試みは国土交通省の多大な協力もあり，被災自治体を含めた多くの人々に対して，社会基盤施設の被害状況や多発した地盤災害に関する広域的な情報を提供することができた。この活動を契機としてGIS防災情報ボランティア活動が生まれた。

　平成19（2007）年新潟県中越沖地震においてもGIS防災情報ボランティア活動は活発に行われ，「平成19年新潟県中越沖地震復旧・復興GISプロジェクト」が国土交通省河川情報対策室を事務局に立ち上がった。「新潟県中越沖地震災害対応支援GISチーム」の活動はその一環として位置づけられ，災害対応の主体となる被災自治体内において，デジタル地図を介した状況認識の統一と，その積極的な情報発信を可能にすることを目指した。

　2004年の新潟県中越地震を契機として，新潟大学に所属する私たちの研究チームの一員と新潟県とは，効果的な災害対応の確立を目的としてさまざまな連携を継続的に行っていた。その継続的な活動の帰結として，7月17日朝の災害対策本部会議において，知事からの地図作成要請を受けることができた。

　「新潟県中越沖地震災害対応支援GISチーム」の中心は「にいがたGIS協議会」である。これは新潟県中越地震の際のGIS防災情報ボランティア活動を契機とて生まれたNPO組織で，地元のGIS関連企業，新潟県，新潟大学などを中心として産官学民が集い，GISの利活用の幅を広げる活動を継続的に実施している。

　にいがたGIS協議会には協議会が持つ各種資源の提供だけでなく，全国の団体や企業にさまざまな資源の提供を呼びかけてもらった。人的資源の提供については，名古屋大学・横浜国立大学からの参加に加えて，GIS防災情報ボランティアネットワークや地域安全学会GIS特別研究委員会に属する団体の会員や，我々と日頃から共同研究している企業の協力を得た。こうした力が結集されて，デジタル地図作成に必要なハードウェア，ソフトウェア，データ，人員がまたたく間に集まった。発災直後だけでな

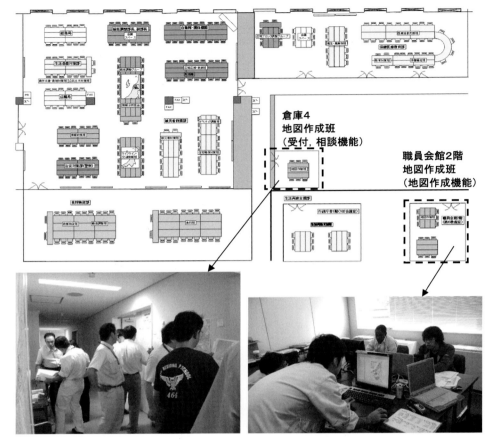

図 4.1 新潟県災害対策本部のレイアウト（上図）および地図作成班の活動拠点のようす（下写真）

く，長期的な活動の展開を考えれば，GIS に係わる地域の結束の象徴として活動した「にいがた GIS 協議会」の取り組みは，被災地外からの専門家や専門技術者と連携した被災地支援の形をしめした．

地図作成の活動には，活動する場所が必要となる．新潟県にとっては発災直後の混乱の中，大学機関や民間企業の人が内部組織に入り込み，それが具体的に本当に役に立つのかわからないことを考えると，我々が県庁内に活動場所を確保することは通常困難である．しかし，新潟大学に所属する研究チームの一員の努力が実り，7 月 18 日に，新潟県災害対策本部に隣接した倉庫に活動スペースを確保することができ，地図作成班（EMC：Emergency Mapping Center）の名称で新潟県災害対策本部の正式な

組織として認知された．空調，電話回線やネットワークなどの設備環境面ではけっして好条件とはいえない場所だったが，災害対策本部の誰もが気軽に訪れることができるように，災害対策本部に隣接する場所を選定した．

その意図は見事に的中し，作成した地図が貼られた地図作成班の前の廊下では，活動期間を通じて地図作成を相談する人が絶えたことはなかった．反響が大きく，地図作成の依頼が増加したため，7 月 20 日からは地図作成自体は別室で行い，倉庫では地図作成の受付と相談だけを扱うようになった（図 4.1）．

4.2 地図作成班の活動の実際

(1) 地図作成班のミッションと役割

地図作成班では，そのミッションを「災害対

策本部等に入るさまざまな内容,形式の情報を,災害対応業務の展開速度に対応し,迅速に電子地図化し,被災地の効果的な災害対応の実現と早期復興に貢献すること」と定め,それに従って地図作成の優先順位を明確化した。

災害の発生直後から,県の災害対策本部にはFAX等を利用した紙媒体の情報を中心に,さまざまな形式の情報が集まってくる。これらの情報は,時々刻々と更新される。効果的な災害対応を実施するためには適切かつ迅速な対応方針決定が求められ,そのためには必ずその時点での最新情報が用いられなければならない。つまり,地図作成班には,時々刻々と変化する,さまざまな形式と内容の最新情報を効率的に処理し,災害対応実務者のニーズを満たす地図の作成が求められたのである。

具体的には,「災害対策本部会議のための地図」作成を最優先とし,次に「本部班の災害対応業務を支援するための地図」,そして「各課の業務を支援するための地図」,余力があれば「関係機関の災害対応業務を支援するための地図」である。このように地図作成班の役割は,「災害対策本部会議の参画者間での状況認識の統一を図るための地図作成」と「災害対策本部班,各課,各関係機関が実施する個別の災害対応業務を支援するための地図作成」とされた。

災害対策本部会議の参画者間での状況認識の統一とは,知事,副知事,危機管理監,班長など災害対応に従事するキーパーソンが一同に集まり,各班で収集,集約した最新の情報が共有,認識されることであり,これらの情報に基づきその時点での主要課題解決へ向けた対応方針が決定される。米国では自然災害やテロリズム攻撃の事態の際に,地図,チャート,表や画像などを利用し,ハザードの情報,関連機関の対応状況,被災者へのサービス内容,活用済みまたは利用可能な物的資源の情報,災害対応の戦略や災害対応実務者の対応計画などで構成されるCOP (Common Operational Picture) を作成し,定期的に更新することになっている。COPは情報システムやホワイトボードなどさまざまなツールを利用して作成されている。

図4.2に,状況認識の統一を組織的に実施するための仕組みをしめした。災害対応を効果的に行うためには,災害情報システムからの被害の最新情報や関係機関からの情報など,組織を

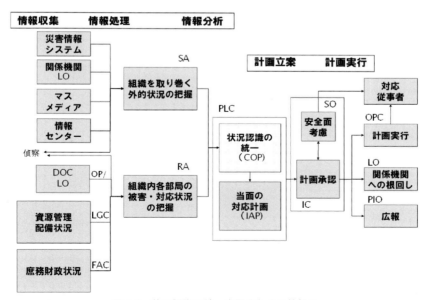

図4.2 状況認識の統一を図るための仕組み

取り巻く外的な状況と，組織内部の人的・物的資源などの情報とを把握し，主要な災害対応従事者が現状の共通認識を図り，当面の主要課題に対する対応方針を決定し，対応計画を策定する。現場での災害対応従事者は，対応計画に基づき災害対応を行うことになる。

これまでの本部会議で提出されていた資料は，図4.3のように人的被害や建物被害，ライフラインの復旧状況などを文字と数値で表現した情報が一般的であった。新潟県中越沖地震新潟県災害対策本部会議では，提出される資料について，知事より，全体像が見える形で資料を作成してほしいとの強い要望がだされた。その点，地図は被害や復旧状況，対応状況の全体像を「見える化」した情報として有効であった。

さらに，GISを利用してデジタルで主題図を作成することによって，時々刻々と変化する同一主題図のデータを迅速に更新し，本部会議に提出した。単なる画像ではなく，データベースと連携した形で地図が管理されるGISの特徴を最大限に生かすことができたのである。

新潟県報道資料　　新潟県

平成19年7月16日に発生した新潟県中越沖地震による被害状況について（第164報）

新潟県中越沖地震による被害情報について、市町村等から報告のあったものを取りまとめましたのでお知らせします。
住家被害の合計は 39,061 棟です。

新潟県災害対策本部
平成19年9月20日　15:00現在

○ 被害総数

区分	人的被害（人） 死者	行方不明	重軽傷者	住家被害 全壊 棟数	全壊 世帯	大規模半壊 棟数	大規模半壊 世帯	半壊 棟数	半壊 世帯	一部損壊 棟数	一部損壊 世帯	被害認定調査状況	非住家被害 公共建物その他
単位	人	人	人	棟数	世帯	棟数	世帯	棟数	世帯	棟数	世帯		棟
新潟県計	11	0	1,984	1,088	1,089	610	610	3,195	3,203	34,168	34,204	—	30,815

○ 各市町村別の被害

区分	人的被害（人） 死者	行方不明	重軽傷者	住家被害 全壊 棟数	全壊 世帯	大規模半壊 棟数	大規模半壊 世帯	半壊 棟数	半壊 世帯	一部損壊 棟数	一部損壊 世帯	被害認定調査状況	非住家被害 公共建物その他
単位	人	人	人	棟数	世帯	棟数	世帯	棟数	世帯	棟数	世帯		棟
新潟市			9			1	1			59	59		20
長岡市			243	8	8	25	25	351	351	4,159	4,159		1,804
三条市			32							92	92		1
柏崎市	10		1,339	884	884	433	433	2,352	2,352	23,647	23,647		24,358
小千谷市			40							214	214		69
十日町市			8	1	1			11	13	159	195		109
燕市			10	2	2	1	1	12	12	755	755		187
妙高市			0					2	2	32	33		9
上越市			155	14	15	1	1	56	62	2,588	2,587		1,670
魚沼市			6							5	5		19
南魚沼市			4							6	6		4
出雲崎町			10	17	17	16	16	107	107	1,378	1,378		278
川口町								1	1	8	8		
刈羽村	1		112	162	162	133	133	303	303	637	637		2,203
加茂市			0										7
湯沢町			1										
見附市			14							422	422		68
佐渡市			0										1
阿賀野市			0							1	1		1
糸魚川市			1							6	6		7

※　数値については速報値であり、今後変更される可能性があります。
※　被災者については、被災地別で計上（例：A町の住民がB町において被災及び発症した場合、B町における計上とする。）

○被害の詳細について
（1）柏崎市
76歳男性が建物の下敷きになって死亡。
72歳女性が建物の下敷きになって死亡。
79歳女性が建物の下敷きになって死亡。
81歳女性が建物の下敷きになって死亡。
83歳男性が建物の下敷きになって死亡。
83歳男性が建物の下敷きになって死亡。
77歳女性外傷性硬膜下血腫により死亡。
71歳女性が建物の下敷きになって死亡。
76歳男性が建物の下敷きになって死亡。
47歳男性が熱傷により死亡。
（2）刈羽村
79歳女性が建物の下敷きになって死亡。

○災害救助法の適用状況について
平成19年7月16日、以下の市町村に対し、災害救助法の適用を決定。
長岡市、柏崎市、小千谷市、上越市、出雲崎町、刈羽村
三条市、十日町市、燕市、南魚沼市　（合計10市町村）
○市町村災害対策本部設置状況
県内13市町村において災害対策本部を設置
（設置中）
長岡市、柏崎市、十日町市、見附市、出雲崎町、刈羽村
（解散済み）
新潟市、三条市、小千谷市、上越市、南魚沼市、燕市、川口町

図4.3　災害対策本部会議で使われた資料
出所）新潟県ホームページより

(2) 地図作成班の運用

地図作成班は地震災害発生によって突発的に結成された組織であり，中心となって活動した「にいがたGIS協議会」と京都大学，新潟大学の参画者の多くは初対面であった。また，先に述べたように，にいがたGIS協議会は地元のGIS関連企業が集結している組織であるため，通常業務と並行して地図作成の活動に積極参画することになり，毎日のように参加者が交代することが予想された。

このような状況に対応すべく，参加者の役割を，地図作成者，受付・相談者，総務の3つに大別し，図4.4のように業務内容を整理した。「地図作成者」はGISを駆使して，災害対応に資する主題図を作成する人である。「受付・相談者」は，地図作成を依頼する災害対策本部職員と話し合い，どのような地図を作成するべきかを決め，依頼者にはそのために必要となるデータ整理法を明確化し，地図作成者に指示を出す役割である。そのため，GISの知識に加えて高いコミュニケーション能力が必要となる。デジタル地図作成に直接携わるこの2つの活動を支

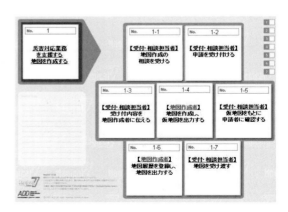

図4.4　地図作成のための業務内容の整理

4 効果的な災害対応のための地図の役割　53

援し,全体の活動を調整し方向付けるとともに,対外的な広報を行うのが「総務」の役割である。

地図作成のためのそれぞれの果たすべき役割は単純であるが,混乱かつ参加者が頻繁に交代する状況下では,それぞれの参加者が何をすればよいのかを見える形でしめしたことは有効であった。また,それぞれの役割が明示されたことで,役割別の人員確保も容易となった。

地図作成には,活動期間中のべ275名の参加を得た。その内訳は,地図作成者103名,受付・相談85名,総務およびその他87名である。すべての参加者が初めて体験する活動であり,しかも流動的な人員配置の中での組織運用であったため,指揮系統の一元化(京都大学とにいがたGIS協議会会長とで密に調整)とそれぞれの組織内部での情報共有を徹底した。

立ち上げ当初は,地図作成班に対する実務者の認識は高いとはいえず,地図に慣れている自衛隊がいち早く我々の活動を利用した。しかし,地図の効果に対して認識の高い本部班長の一人が自らのニーズと地図作成班の機能をいち早く認識し,我々と密なコミュニケーションを図り,20日午前に本部会議で共有される最初の地図が作成された。これは後に地図作成班の代表的な主題図(完全復旧まで毎日更新される通水復旧図)となった。当日,知事がマスコミに向けて地図を使って上水道の復旧状況を説明した。

このような経緯から,実務者の我々に対する認識も高まり,その後,多くの地図が本部会議において共有された。地図作成のニーズが高まる一方で,本部会議への参加者以外から地図の複写などのニーズが増えた。図4.5のように対応実務者と協働で地図作成に基づく情報の流れを確立できたことで,地図作成班の成果物は組織内外に素早く共有されるようになった。

地図作成班の参加者は県職員ではないため,

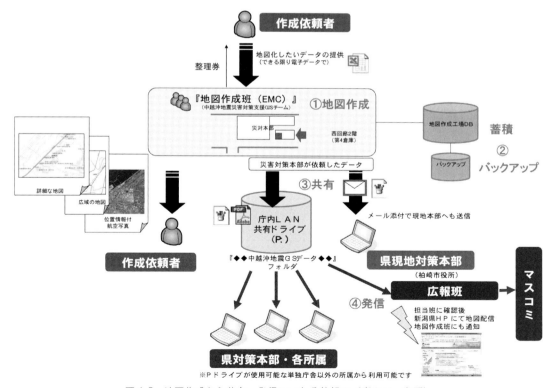

図4.5　地図作成から共有,発信にいたる仕組み(裏カバー参照)

庁内の共有サーバにアクセスすることはできない。毎日2回，県の情報担当に地図の画像を渡し，情報担当は庁内の共有サーバに登録する。同時に，柏崎市の現地災害対策本部に地図を送信する。広報班は，登録された地図の公開可否を担当班に確認し，可能なものはHPで公開するという流れである。県の実務者とそれぞれの役割，手続きを確認することで，被災地のさまざまな状況をしめす地図をいち早く組織内外で共有することができた。こうして，情報収集から集約，共有，発信までの流れを確立することができたことになる。

(3) 地図作成のための情報処理

前述のように，地図作成班には，被災地のさまざまな内容の最新情報を迅速に地図化することが求められた。地図作成班の地図作成者はGISを利用して主題図を作成するが，作業に当たって，実務者はGISについての技術・知識を持っていないことを前提としていた。

図4.6に，生データ（情報資料）から地図までの情報の形式をしめす。実務者は，FAXなど紙媒体の生データ（情報資料）を被災地の県の出先機関等から受け取る。次に，実務者は紙媒体の情報資料をもとに，エクセルを使って情報を集約する。通常であれば，エクセルで作成した表そのものが，先にしめした図4.3のように，文章とともに災害対策本部の資料となる。

このエクセルでのデータベース作成が，迅速な地図化のための最も重要な情報集約作業となる。具体的には，実務者に地図作成のために必要な項目をエクセルシートに入力してもらうことと，エクセルで整理しているのはデータベースであることを理解してもらうことである。

実務者が入力するのは，単純に位置情報に変換できる住所情報である。避難所や仮設住宅の位置など，実務者が既に作成していたエクセルデータの中に住所情報が含まれていることが多かった。

後者の，これはデータベースであるという意識付けが最も重要であった。すなわち，個々の情報にユニークIDを付与し，このユニークIDをもとに地図の図形と表形式のデータベースを結びつけ，随時主題図を更新する。単純なことではあるが，現場では，たとえば柏崎市と刈羽村のそれぞれの避難所のIDが1番から付与されているため，一意のデータとして認識できないものとなっていた。実務者の負担を考慮し，当初は避難所名が一意であったため，避難所名をユニークIDの代わりとして利用していたが，担当者がローテーションで変わることもあり，ある日突然，避難所名が省略形となり，地図作成の障害となったこともあった。地図が必要不可欠な情報と認識されるにつれ，そのコミュニケーションは容易となり，地図も短時間で作成することができるようになった。

また，通水復旧図などひとつの主題図が複数のレイヤから構成され，各班がそれぞれの方法でエクセルシートを作成していた。当初，我々は個別対応をしていたが，地図の重要性の認識が高まるにつれて，各班の実務者と我々が最終アウトプットとしての地図を意識したエクセルシート作成手順を共有することができた。このような経緯で，災害発生後3日ほどで，定期的に更新される地図作成の情報処理が確立して

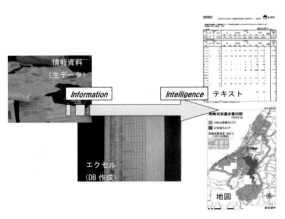

図4.6　情報資料から地図までの情報形式

いった。

図4.7に，GISを利用した地図作成のための情報処理過程をしめす。地図作成班の人的資源は限られていたことから，エクセルデータは実務者が作成し，地図作成者はエクセルデータから地図を作成した。

図4.7にしめした2つのプロセスは，最も標準的なレイヤ作成のための情報処理過程である。住所情報など位置情報に変換可能な情報を用いてポイントデータを作成するプロセスと，あらかじめ作成した（または既存の）図形データとエクセルデータを関連付け，ポイント，ライン，ポリゴンデータを作成するプロセスである。新規のレイヤの作成後は，更新されたエクセルデータを用いてレイヤを更新する手順となる。

ただし，後者のプロセスで新規図形データ作成が生じた場合，ベースとなるレイヤ作成には時間を要することになる。たとえば，上水道の復旧状況をしめす通水復旧図で利用した最小単位となるポリゴンは，新潟県の行政区と呼ばれるものであった。この行政区は，複数の町丁目界が連結し，さらに微調整が必要なエリアとなっていた。市販または公開されている行政界のデータとは異なる特殊なエリアであったため，各エリアと町丁目を参照し（参照する正確なデータを入手するのにも時間がかかった。実務者は暗黙の経験でこれらのエリアの位置関係を曖昧に把握しているにすぎなかった），行政区を作成した。その他，警察の管轄区などそれぞれの組織で特有のエリア割りが存在する。これらのデータを事前に作成しておくことで，災害対応局面での地図作成の効率が飛躍的に高まるであろう。

上記2つのプロセスによって，主題図作成に必要なレイヤ群が作成される。ここまでのプロセスは標準的な情報処理プロセスであるため，自動化，効率化が必要となる。最後に，これらのプロセスで作成されたレイヤをベースマップ（基盤図）と組み合わせ，地図のデザインを行う。

主題図の背景となるベースマップは，にいがたGIS協議会に参加している民間会社の住宅地図（表札データ有）と国土地理院の数値地図を主に利用した。新潟県庁における地図作成においては，表札データが表示される大縮尺の地図ニーズはほとんど無く，被災地の被害や復旧状況，災害対応の状況を俯瞰的に把握できる小縮尺の地図が主であった。民間企業が販売している住宅地図を利用する場合，著作権の問題

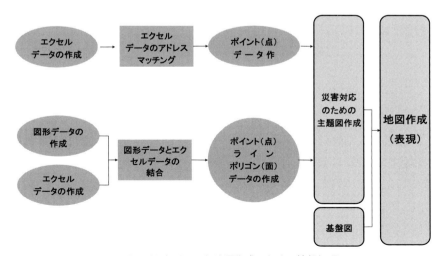

図4.7　GISを利用した地図作成のための情報処理

があるが，今回の取り組みでは，にいがた GIS 協議会の努力により，実務者は著作権を気にすることなく必要な地図を入手できた。

作成した主題図の著作権については，データそのものの利用，作成した地図のデジタル画像（*.jpg）とその共有，複写利用など，利用目的により形態が複数あり，さまざまな形式に派生する。そのため，事前にデータ利用規定の取り決めが必要である。

地図のデザイン（表現）についても，実務者の意向を反映し，数回の修正を加えて地図を作成した。定期的に更新する地図では，レイアウトのテンプレートをいかに早く標準的なものとして完成させるかが重要となる。地図作成者も頻繁に交代したことから，地図作成チーフを一人に固定し，誰にでも把握しやすいファイルの格納方法の確立，作業過程のデータがフォルダ内に残るような工夫，ミスや手戻りをなくすためのマニュアルの整備などを数日間で行った。

災害対応，特に応急対応，応急復旧時におけ

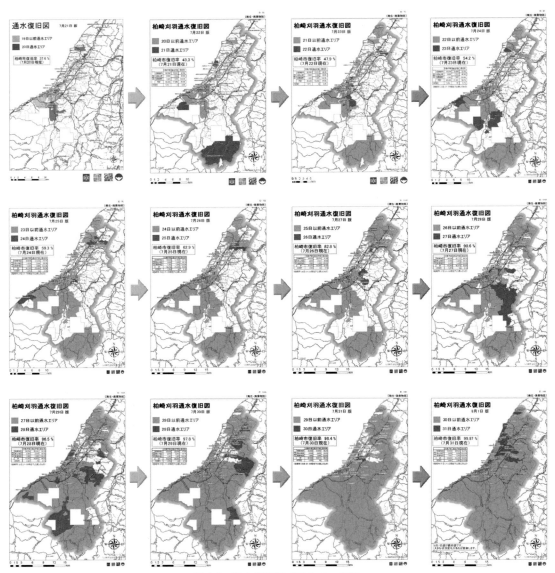

図 4.8　通水復旧図（裏カバー参照）

る地図作成には，スピードと正確性（現在の最新の情報を正しく表現すること）が求められる。上記で述べた GIS を利用した地図作成は，平常時では GIS をある程度操作できれば容易なことではある。しかし，災害発生後，被災地において災害対応業務の展開速度，実務者のニーズに応え，限られた時間と人的・物的資源の制約の中で行う地図作成では，地図作成のための物的・人的資源の調達，情報処理の確立，地図作成班内部の運用，実務者との協働など必要となる機能をすばやく整理し，それぞれの機能を効率的に進めるための具体的な体制を構築することが最も重要となる。

4.3 地図作成班の成果物

今回の活動を通して，地図作成班では約 200 種類の主題図を作成した。その中には，被災地をローラー作戦で巡回するために地区別にベースマップを出力して担当者に持たせたいというものから，その時点での対応の全体像を見える化したものとして毎日更新され，災害対策本部会議の席上で紹介されたものまで多様なものが含まれた。成果物の一例として，通水復旧図を図 4.8 にしめす。この図は，上水道の復旧地域を表すレイヤと，避難所の位置を表すレイヤから構成されている。濃い色が前日復旧した地域，薄い色がそれ以前に復旧した地域をしめす。応急対応において新潟県が特に関心を払っていた断水状況と避難者の関係が可視化され，衛生・廃棄物班が毎日の災害対策本部会議において進捗状況を説明する資料として活用された。地震発生から約 2 週間後の 8 月 1 日に上水道は完全復旧した。さらに，この図は避難者数をしめすことにより，情報分析班，避難所対策班，住宅確保対策班，障害福祉課，保険福祉課，健康対策課，医薬国保課，財政課，人事課での対応の根拠となる情報としても使われた。

図 4.9 は，関係機関の災害対応業務を支援するための地図の代表的なものとして，警察からの要望のあった主題図である。この地図は，警

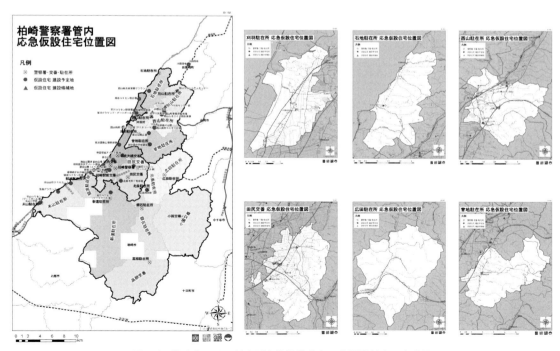

図 4.9　警察管区別の派出所と仮設住宅との位置関係を示す地図

察管区別に応急仮設住宅の位置と派出所の位置の関係および2点間の距離を表現したもので，応急仮設住宅のパトロールを検討する上での根拠となった．

その他，災害対策本部会議では，応急仮設住宅の建設予定場所をしめす地図，公共下水道や集落排水の復旧状況をしめす地図，農業用水の復旧状況をしめす地図などが利用された．各課が実施する個別の災害対応業務を支援するための地図では，応急危険度判定結果を街区別に集計した地図や，柏崎市の被害認定調査の進捗状況（調査の進捗率，建物の被害程度の日々の集計結果）をしめす地図などを作成した．

4.4 活動から学ぶこと

今回の現場活動では，効果的な災害対応を支援するために，デジタル地図作成，共有の有効性が証明された．災害対応に資するデジタル地図の作成には知識や技術の専門性を必要とする．突然発生した災害時に，そうした技術やノウハウをすべての地方自治体が保有し，実行することは，現実的にはきわめて可能性が低い．災害発生前から，それぞれの自治体で直面しているハザード，想定されている被害に基づき，災害対策本部運営，指定避難所の開設・運営・閉鎖，物資の調達・配分，ライフラインの被害把握・復旧，被災者生活再建支援（り災証明証発給のための家屋調査，り災証明証発給，生活再建支援）といった災害発生時に必ず遂行しなければならない主要な災害対応業務のために必要となる情報を考え，とりまとめる方法を決めておく（標準化）ことが重要である．次節において，米国の情報処理訓練の取り組みを紹介する．また，被災自治体を長期的に支援するためには，外部からの専門家だけではなく，「にいがたGIS協議会」のような地域で活動する団体が結束できる枠組みが重要であることを教えてくれた．

4.5 災害発生時に効果的にCOPを構築するために

前述の新潟県中越沖地震後の取組は，災害対応実務者が被災地の様々な状況を迅速かつ的確に把握するためのCOPを作成することの重要性及び地図活用の有用性をしめしたものであった．平成23年に発生した東日本大震災後には，産官学による東北地方太平洋沖地震緊急地図作成チームが結成され，全国に広がる各種の被害および対応に関する状況認識の統一のため「国レベルでの広域的な状況認識のための情報の地図による可視化」，「都県レベルでの活動の調整に必要な情報の地図による可視化」，「緊急性・重要性が高い現場での活動を支援する情報の地図による可視化」の活動を実施した[1]．平成28年熊本地震発生後も国の研究機関による地図作成支援活動が実施された[2]．

これまでの被災地におけるGIS及び地理空間情報を活用した支援は，被災地外部からの専門家チームによる「長期滞在型」の支援形態が必要不可欠であった．今後も，専門家等による支援は必要であるが，南海トラフで発生する大規模地震では，複数の都道府県，多くの基礎自治体が同時被災することが予測され，基礎自治体の平常時からの情報処理面の備え，先に述べた「にいがたGIS協議会」のような地域団体が結束できる枠組みが必要である．

いっぽう，GISの主要な機能は成熟し，多くの分野で利活用されている．現在はクラウド環境における様々な機能，サービスが展開されている．

ESRI（Environmental Systems Research Institute, Inc.）のジャック・デンジャモンド氏も第13回GISコミュニティフォーラムにおける講演の中で，「GISは地理空間情報を扱う単なるテクノロジーではなく，世の中の様々な課題解決のた

めのデータ収集，可視化，分析，企画立案，意思決定，行動の一連のプロセスを提供するプラットフォームになった。」と強調した。

米国では，いわゆるクラウド型の GIS を基盤とした COP の作成，共有に係わる情報処理訓練（The CAPSTONE-14 Exercise）が 2014 年 6 月に実施された[3]。

米国の国家安全保障省（DHS：Department of Homeland Security）は，大規模な事案発生後，1 時間以内にそれぞれの指揮センターにおける災害対応の指揮者の適切な相互コミュニケーション能力を向上させるために，The Rapid Emergency-Level Interim Communications Interoperability（RapidCom）initiative を立ち上げた[4]。RapidCom は，相互運用可能な防災情報システムのための重要な意味を持つ 5 つの要素を視覚的に表現した枠組みである Interoperability Continuum を開発した[5]。5 つの重要要素を図 4.10 でしめす，Governance（組織・体制の整備），Standard Operating Procedures（SOPs）（標準的な手順，情報処理の確立），Technology（適用技術），Training/Exercises（人材育成），Usage（利活用）であり，上記の目的を達成するために適切に GIS を利活用することとしている。

5 つの要素の内容を以下にしめす。

- Governance（組織・体制の整備）：政策とそのプロセスを支援する体制整備，GIS を活用したプロジェクトを実行するためのガイドラインが含まれる。
- SOPs（標準的な手順，情報処理の確立）：災害対策における，その目的達成を支援する GIS 活用のための一貫性のある手法
- Technology（適用技術）：情報システム運用のための必要条件と協働したワークフローが実行できる技術
- Training / Exercises（人材育成）：人材育成は，情報システム運用の有効性を確実にするために計画書等が作成される。
- Usage（利活用）：平常時の GIS の活用によって向上し，他の 4 つの要素が作用する。

2014 年 6 月に，The Central United States Earthquake Consortium（CUSEC）は，相互運用を成功させるための重要な 5 つの重要要素を考慮した The CAPSTONE-14 Exercise を実施し

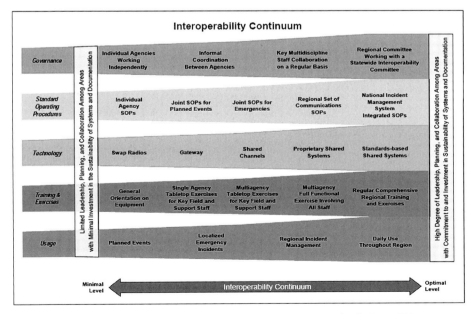

図 4.10　防災情報システムの相互運用を成功させるために重要な 5 つの要素

た。CUSECは，国家安全保障省（DHS），連邦緊急事態管理庁（FEMA：Federal Emergency Management Agency）の財政支援を受け1983年に設立された。CUSECの主要な任務は，中央アメリカで発生する地震から死者，負傷者，財産，経済的被害を軽減することである。CUSECは，中央アメリカにおける事前地震対策に係る，複数の州にまたがる応急対応，復興計画，資源獲得，防災教育や防災意識の啓発，被害抑止対策や防災研究の支援に力を入れている。The CAPSTONE-14 Exerciseは，7つの州，450の郡が参加し，米国南部，中西部のThe New Madrid Seismic Zone（NMSZ）におけるプレート内で発生する地震を想定したシナリオを用いた，広域的な演習である。CAPSTONE-14 Exerciseでは，3年間の準備段階を経て複数の州にまがる取り組みとして，以下の6つの達成目標を設定した。

・Private Sector Integration（民間企業の統合）
・Communications（通信）
・Shared Situational Awareness（状況認識の共有）
・Regional and National Resource Allocation（地域及び国における資源配置）
・Regional Transportation Coordination（地域輸送の調整）
・Department of Defense, National Guard Mobilization Support to Civil Authorities（被災自治体を支援するための国防総省，国家警備隊の動員）

特に，地理空間情報を用いた情報システム面における状況認識の共有では，複数の州にまがり地理空間情報及びダイナミックデータを共有，表示する機能を向上させた優れた成功事例の1つである。CUSECは，DHS-S&Tをパートナーとし，状況認識の統一を図るためのツールであるCOP構築のための様々なプロジェクトを支援している。COP構築によって，州政府のために重要な情報を共有し，国家レベルや地域レベルの資源配置のための重要な意思決定支援のためのプラットフォームを構築している。上記の状況認識の統一に関するCAPSTONE-14 Exerciseの成果は以下であった。

・7州450郡が，18の本質的情報（Essential Elements of Information：EEIs）の最新の情報を報告できた。
・演習参加者は，13,104回EEIsの情報更新をおこなった。
・演習参加者は，2,000以上のレイヤを共有した。

重要な5つの要素の1つであるSOPsのCAPSTONE-14 exerciseにおける18EEIsを以下にしめす。

1. Electricity Grid Status（電力の状況）
2. National Gas Grid Status（ガスの状況）
3. Public Water Grid Status（上下水道の状況）
4. Road Status (including Bridges)（道路の状況）
5. Rail Network Status (including Bridges)（鉄道の状況）
6. Navigable Waterways Status（航路の状況）
7. Air Transportation Infrastructure Status（空港施設の状況）
8. Area Command Location Status（現地災害対策本部）
9. Staging Area Status（集結拠点）
10. Points of Distribution Status（物資の拠点）
11. Joint Reception, Staging, Onward Movement and Integration (JRSOI) Sites Status（応援人員の拠点）
12. Evacuation Orders Status（避難指示の発令状況）
13. Injuries and Fatalities Status（人的被害の状況）
14. Shelters Status（避難所の状況）
15. Private Sector Infrastructure Status（民間施設の状況）
16. U.S. Geological Survey Status (e.g. PAGER)（アメリカ地質調査所からの情報）

17. Communications Status（Public Safety and General Public）（通信の状況）
18. Hospital Status（病院の状況）

　参加者は，3年間の演習計画段階において複数回のワークショップに参加し，18EEIsを設定した。また，18EEIsは，CAPSTONE-14 Exerciseにおいて想定された地震ハザードによるSOPsであり，対象地域の想定されているハザードで異なるSOPsとなり，計画段階で参加者が議論し，設定することが重要である。さらに，技術面では，設定したSOPsを効率的に作成するためのデータセットや情報処理プロセスを標準化することが重要となる。災害発生時に初めて新しい技術を導入，運用することは困難であり，平常時から災害に備えてSOPsを作ることを目的とした事前準備が必要である。
CAPSTONE-14 Exerciseにおける，相互運用を成功させるための5つの要素は以下となる。

・Governance（組織・体制の整備）: National Information Sharing Consortium (NISC), CUSEC
　　国家的な組織と連携しているCUSECが主となり多くの州，郡が参画する体制を築いた。
・SOPs（標準的な手順，情報処理の確立）: 18 EEIs
　　参画者の議論を通して対象とした地震災害発生後の地域の行政組織で共有，更新すべき18 EEIsを決定した。
・Technology（適用技術）: Commercial Off the Shelf（COTS）
　　新しい技術を利活用する概念としてCOTSを採用した。COTSは，特定の目的のために新たに製造したり，開発したりするのではなく，いわゆる既製品や既存のサービスを採用することである。情報システムで言えば，特定目的にソフトウエアやアプリケーションを開発するのではなく，普及しているソフトウエアやサービスを利用することであり，利用者側の目的に即して既存技術を上手く利用することになる。開発途中での仕様変更が無くなり，ソフトウエアのバージョンに依存することなく費用対効果（ROI: Return on Investment）をあげられるとしている。CAPSTONE-14 Exerciseは，公開されているクラウドGISアプリケーションのテンプレートを設定，利用した。
・Training / Exercises（人材育成）: Exercise Planning Documents, Exercise Scenario by NMSZ
　　演習計画書，NMSZによる演習シナリオを事前に作成した。
・Usage（利活用）Large-scale exercise to share situational awareness
　　広域災害発生を想定した状況認識の統一を図るための演習を目的とした。
　ここで述べた，相互運用を成功させるための5つの要素とCAPSTONE-14 exerciseにおけるSOPsに関する取り組みは，政府機関と関連機関が防災情報システム構築，運用に係る重要な要素とその内容を定義し，多くの地方政府実務者が参加し，地域における直面しているハザードを想定し，具体的なSOPsを設定した情報技術面だけでなく，実装，運用を考慮した先駆的な防災情報システムに関する実践的な取り組みと言える。我が国においても近い将来，南海トラフで発生する大規模地震による広域的な被害が想定されており，基礎自治体，都道府県，国といった異なるスケール，役割の実務者のための防災情報プラットフォーム構築が求められる。そして，米国の事例は，情報システム構築が目的ではなく，その規範となる考え方，情報ススデム構築に向けて，異なる地域，異なる組織レベルの実務者の参画プロセスをデザインし，実行することが重要であることを教えてくれている。最新の情報技術に係わる時代の潮流の技術を取り入れることは重要であるが，それぞれのハザードにおける必ず必要と考えられるEEIsの設定，情報処理訓練の反復等，「災害時

に必ずやらないといけないことが，できる」ための準備に目を向けなければならない。

◆「新潟県中越沖地震災害対応支援GIS チーム」の参加団体
①団体
・にいがたGIS協議会
　＜正会員＞株式会社オリス，金井度量衡株式会社，株式会社キタック，株式会社中央グループ，株式会社ナカノアイシステム，株式会社ＢＳＮアイネット
　＜賛助会員＞エヌ・ティ・ティ・データ・ジー・シー，インクリメント・ピー株式会社
　＜協力団体＞くびき野GIS協同組合，武藤工業株式会社，日本加除出版株式会社，株式会社刊広社，日本アイ・ビー・エム株式会社，東芝情報機器株式会社
・GIS防災情報ボランティアネットワーク
・地域安全学会
・ESRIジャパン株式会社
・株式会社パスコ
②研究機関
・京都大学 防災研究所
・京都大学 生存基盤科学研究ユニット
・新潟大学 災害復興科学センター
・名古屋大学 災害対策室
・横浜国立大学　安心・安全の科学研究教育センター

参考文献

1) 東北地方太平洋沖地震緊急地図作成チームホームページ（2018年5月30日），www.drs.dpri.kyoto-u.ac.jp/emt/en/（閲覧日 2018年6月16日）
2) 防災科学技術研究所災害対応支援地図（2018年5月30日），http://map03.ecom-plat.jp/map/map/?cid=11&gid=590&mid=2907（閲覧日 2018年6月16日）
3) CUSEC: "Central U.S. Earthquake Consortium CAPSTONE-14 Exercise After-Action Report", 2014
4) SAFECOM: "Operational Guide for the Interoperability Continuum Lessons Learned from RapidCom", DHS, 2009
5) NAPSG FOUNDATION: "A Quick Guide to Building a GIS For Your Public Safety Agency", 2014

5 農地復旧のためのGISの活用
－中越地震被災地における棚田の区画整理－

吉川 夏樹

5.1 はじめに

平成16（2004）年10月23日に発生した新潟県中越地震は，中越地方の中山間地域の生活基盤を破壊するだけでなく，生産活動の基盤である農地に大きな被害を与えた。とりわけ，被災地域の景観を特徴付けていた棚田の被害は大きく，地すべりや斜面崩壊により地形自体が原形を留めないものも多く見られた。

災害の有無に関わらず，立地の条件不利性により中山間地域では農地の荒廃化が進行している中，震災による衝撃は被災者の離村を促し，被災地の更なる荒廃化が懸念された。今回の被災地の復旧および復興への対応は，今後の中山間地域のあり方を考える上で重要な先例であるとも言える。

こうしたことから，新潟県は「震災復興ビジョン」を示し，新たな地域復興に対応できる「創造的復旧」を指向した。また，中山間地農業の活性化にかかわる方針として，「中山間地の段階的復興と魅力を生かした新産業の計画的生み出し」や「産業の持続的発展のための条件整備」などを挙げた（新潟県農地部，2005）。単なる復旧ではなく，過疎化，高齢化に対応したものであることが，内外から強く求められていたのである。

こうした中で，個別農地を原形復旧する災害復旧事業と併せて，一帯の農地集団を改良的に復旧する「農地災害関連区画整備事業」が，被害が著しく原形復旧が困難であると考えられた3地区（旧山古志村2地区，小千谷市1地区）に導入された。この事業は被災農地の災害復旧に併せて，隣接する未被災農地を含め一体的に区画整理を行うものであり，農地の再編を伴う。適用できる条件を，面積の5割以上が被災し，かつ未被災地を含む個所に限定しているが，中越地域では適用可能と考えられる地区も多いことから，大きな効用が期待された。これは，通常の災害復旧事業が，「農林水産業施設災害復旧事業費国庫補助の暫定措置に関する法律」（暫定法）の原則として「壊れた施設を原形に復旧」するものと定められているため，被災個所の個々の効用と機能を回復するのが目的であり，改良的な復旧は認められないのとは異なっている。

事業実施地区では新潟県が区画整理の案を作成したが，棚田景観保全の側面からの検討を知事から求められた。原案は平坦地と同様の矩形区画の形成に重点を置いた案となっていた。そこで，県は新潟大学・信州大学に意見を求め，県を窓口に「A工区区画整備検討委員会」が発足した。委員会では，我々が作成・提示した棚田の区画再生案について検討を重ねた。ここでは，新潟大学案の考え方とともに，GISを利用した計画案の作成方法を紹介する。

5.2 中山間地域におけるGISの利用

複雑な地形条件を有する中山間地域の区画整

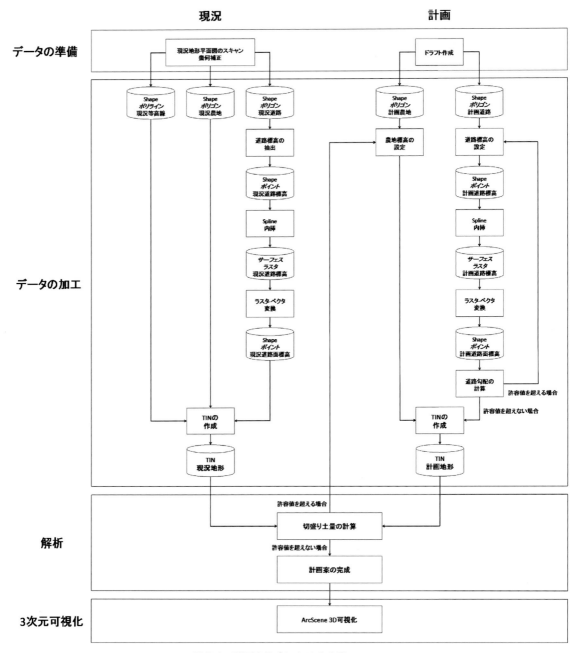

図 5.1 計画案作成における作業のフロー

理の計画案作成において，GIS は非常に便利なツールである。農地が平面的に広がる平坦地とは異なり，地形に合わせて展開してきた中山間地域の農地は，立体的な視点での区画配置が必要であり，従来の紙地図や CAD による設計には相当の熟練を要する。しかし，GIS の操作方法をある程度習得している者であれば，厳密な意味での「設計技術」がなくても，案を図という形でまとめることができる。紙地図では地形把握はもっぱら等高線によるが，GIS では等高線データの他にも，測量成果や航空写真などの地形関連の情報を同じプラットホーム上で重ね

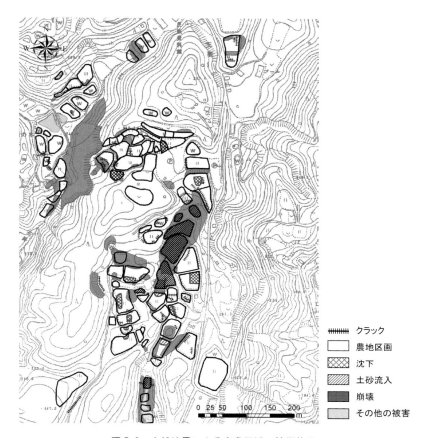

図 5.2　中越地震による事業区域の被災状況
信州大学・新潟大学による合同調査により判明した被害を GIS でデジタル化した．基図は 5,000 分の 1 地形図．

合わせることにより，詳細な地形の把握が可能である．

また，ラインやポイントフィーチャから構成される等高線や標高点を補間することで空間的に連続な標高モデル（DEM）を作成すれば，ラスタ演算などにより，施工に必要な多くの情報が引き出せる．たとえば，一般に工事費に占める土工費の割合は非常に大きいが，デジタル標高モデルと作成した区画案を用いることによって土工量の概算が容易に行える．

GIS は計画案の作成段階のみならず，提示にも威力を発揮する．区画整理や圃場整備の場合，関係権利者や施主への説明会・プレゼンテーションが不可欠であるが，一般住民を対象とした場合，平面図だけでは完成イメージがつかみにくいという課題が残る．特に棚田地帯では，法面などの形状が直接的に作業効率を規定するため，立体的なイメージが必要になる．一方，GIS では，上述の標高モデルや区画・道路などのフィーチャを利用して 3 次元表現など説得力のある表示が可能であり，理解が得やすい．

今回使用したソフトウェアは，ESRI 社の ArcGIS と，そのエクステンションの Spatial Analyst，3D Analyst，3 次元可視化に特化したアプリケーション ArcScene である．作業全体のフローを図 5.1 に示す．

5.3　対象地区の概要

事業地区は旧山古志村（現長岡市）にあり，地すべり地形の中に拓かれた典型的な棚田地域である．今回の地震により，事業地区の農地面積 5.40 ha のうち 4.37 ha が被災した（図 5.2）．

図 5.3 地震前の地形と区画の配置（口絵参照）
計画案の作成にあたり地震前の地形を把握した．作成したデジタル標高モデルと航空写真を使用し，3 次元可視化．

この地区は北から南に傾斜する凹型の谷を形成しており，斜面崩壊，土砂流入，地すべりによる沈下，亀裂などの被害が複合的に発生した．地区ではこれまで基盤整備の経験がなく，区画は小規模・未整備であった．用水は田越し灌漑であり，水源は溜め池と湧水に依存していた．また，周辺復旧工事で出た残土（9 万 m^3）の処分場とすることが予定されており，埋め立てによって勾配を緩和し，従前と比べて大面積の農地を確保することが期待された．

計画案の作成にあたり，まずは対象地区の地形を把握するため，測量成果と航空写真を元に地震前の状況図を作図し，標高点から標高モデルのラスタを作成し 3 次元可視化した（図 5.3）．

5.4　新潟大学による棚田再生案の考え方

平坦地では，長方形の区画で高い作業効率が期待できることから，圃場整備は通常これを標準としている．しかし，地形条件が厳しい中山間地域で平坦地同様の長方形区画を無理に適用しようとすると，土工量の増大や潰れ地・巨大な段差の発生を招くのみならず，無機質な景観を形成することになる．こうした問題を解決するには，中山間地域の地形条件と社会条件に適合した区画の形成が求められる．

したがって，今回の計画案作成においては，①農作業の能率向上，②圃場管理作業の負担軽減と安全性の確保，③移動土工量の削減，④将来の農業生産条件変化への対応性，⑤景観への配慮の 5 つの柱を基軸に据えた．これらを実現する方法として，平坦地に準ずる作業性を備えつつ，移動土工量の抑制および景観への配慮が可能な平行畦畔型等高線区画（有田・木村，1997）の考え方を取り入れた棚田の区画整理計画案を提案した（図 5.4）．

(1) 農作業の能率向上

近年では中山間地域の農作業においても車両の利用・機械化が進んでおり，区画の整備は運搬用トラックのほか，田植え機，トラクター，コンバインなどの農業機械の導入を見据えて行う必要がある．

農業機械の作業能率は，単位面積作業あたりの回転数が少ない区画ほど高い（有田・木村，

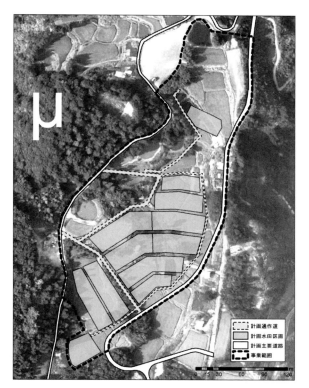 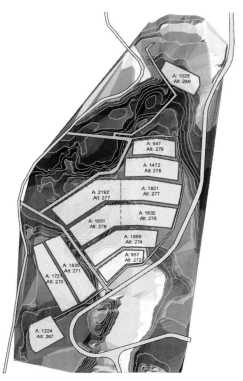

図 5.4 新潟大学による区画整理計画案（口絵参照）
背面は不整形三角網（TIN）（右図）と航空写真（左図）．右図区画内の数字は上が区画面積，下が区画の標高を示す．

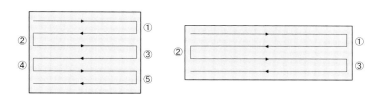

図 5.5 長短辺比による農業機械能率の比較
比率を大きくすることにより単位面積作業当たりの回転数が少なくなる．図中の数字は回転数を表す．

図 5.6 不整形部による能率の低下
図中の斜線部は機械作業が困難な個所を示す．

1997)．図 5.5 に示すように，同面積であれば，耕区の長・短辺長の比率を大きくとることによりこれが達成でき，作業能率は向上する．新潟大学案は元の地形の等高線に沿った横長区画を配置することにより，長短辺比を大きくとっている．長い区画であるため曲折部が発生するが，既往の実験の結果から，曲折角 150°以上であれば長方形区画に準ずる作業性が確保できるとされている（木村・西口，1987）．

また，区画に不整形部があると農業機械による作業は難しく，場合によっては一部で手作業となり，作業能率は著しく低下する（図 5.6）．

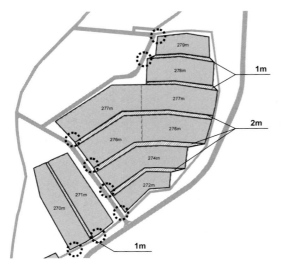

図5.7 区画間の段差および道路との接続
図中斜線部は区画間段差，丸印は区画への進入部を示す．等高線に沿った区画配置では段差の大きさは抑制され，進入路なしでも区画への進入が可能である．

新潟大学案では，長辺畦畔の平行条件を保つことにより，この不整形部を回避した．

(2) 圃場管理作業の負担軽減と安全性の確保

畦畔法面の除草をはじめとする維持管理作業は，生産性向上に直接結びつく労働ではないにもかかわらず，要する労力は多大である．特に傾斜地では，畦畔除草の面積は，農地の区画形状や配置によって大きく変化する（有田・木村，1997）．このほか，区画の配置次第では，道路と圃場の間に急勾配の進入路が発生し，作業の安全性が低下する．高齢化が進む中山間地においては，除草面積の縮小とともに，段差の大きい畦畔法面上での滑落事故の防止など，安全性に配慮した区画の形成が強く求められる．

これらの条件の達成には区画間の段差の縮小が基本的な課題になるが，新潟大学案では最大段差は2mに抑えることができた（図5.7）．また，中山間地域の区画整理では，道路・圃場間にも大きな段差が生ずるため進入路が巨大化する場合が多く，安全性のみならず，作付可能面積の減少を余儀なくされるケースが散見され

る．新潟大学案では，通作道を区画に沿わせて配置することができるため，進入路なしでの出入りが可能である．

(3) 過剰な盛土部の回避

事業地区では周辺で発生した残土による地盤の嵩上げによって勾配の緩和が計画されていたが，大量の盛土による区画形成は構造的安定性が乏しくなるため，好ましくない．盛土の安定には長期間を要し，整備後の不等沈下などの原因ともなるほか，重機を使用して圧密しても強い地震に耐えうるほどの地盤強度は得られない場合が多く，中越地震でも至る所で盛土部の崩壊が見られた．これらのことから，計画案では元の地形を考慮し，過剰な盛土部が発生しない区画配置を目標とした．

図5.8に新潟大学案による移動土の発生量を示す．濃い色は切盛り土量の多い個所である．盛土量が11万 m^3，切土量が1万9,000 m^3 であるが，残土の持ち込み土量が約9万 m^3 と予定されているため，両者の差とほぼ一致している．これは区画の形状や各区画の標高値を微調整し補正した結果得たものであるが，このような調整が画面上の操作によって可能なのもデジタルで空間情報を扱うGISの強みである．土工量の計算は，地震前と計画案の地形をそれぞれ標高モデルラスタに変換し，後者から前者をラスタ演算で差し引くことによって算出した．

(4) 将来の農業条件変化への対応性

震災復興ビジョンでは，中山間地の再生方法として，棚田景観やはざ掛けを利用した高付加価値米の生産，営農主体の再編による生産の合理化がうたわれている．しかし，中山間地の立地的・社会的現状を見ると，従来の小規模な区画では労働生産性やコスト面での問題が残る．また，こうした地区では再投資は困難だが，将来再び必要となる区画規模拡張の要望に対して

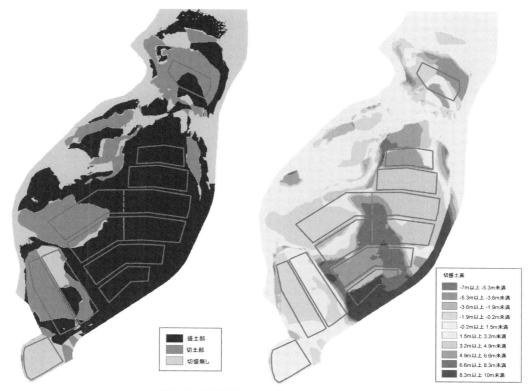

図5.8 事業範囲の切り盛り状況（口絵参照）
切盛土高（右図）は元地形及び計画地形ラスタを用いラスタ演算で両者を差し引くことにより求めた．盛土部と切土部が発生する個所を特定し（左図），変化高に面積を乗ずることにより切盛土量の計算を行った．

柔軟に対応できる区画が必要である．

こうした条件を充たす区画として，区画短辺沿いの畦畔を取り除くことで簡易に区画拡大を進めることが提案されている．これは道路抜き工法と呼ばれ，区画の拡張方法として簡便なものである（有田・木村，1997）．この方法の実施には，①区画間の段差がない，あるいは出来るだけ小さいこと，②隣接区画の連続性が保たれていることなどの条件が求められる．

新潟大学案では，中央の細長い区画を仮畦畔によって2耕区に分割しており（図5.4の中央に位置する2区画），将来の担い手の減少や生産法人化などによって作業の更なる効率化が求められた時に，必要に応じて仮畦畔を撤去することにより区画の拡張が可能である．畦抜きによって，最大区画では42 aの面積を確保できる．これは平坦地の標準区画（30 aもしくは50 a）に準ずる規模であり，これまで狭小な区画による労働生産性の限界が課題であった棚田地帯においては革新的な区画規模であるといえる．

（5）景観への配慮

震災復興ビジョンでは，グリーンツーリズムなどの地域資源を活用した産業の振興も謳っている．事業地区は，北側に隣接して闘牛場があり，多くの観光客が訪れる立地条件にある．この観光客の目当てはもちろん伝統行事である「牛の角突き（闘牛）」であるが，山古志の棚田の風景を楽しみに訪れる人も多い．事業地区は，景観戦略的にも重要な拠点の役割を担っている．

以下の2点は中山間地の景観形成上重要であると考えられる．第1に，棚田の景観は良好な生産活動を通じて形成される．生産性が低く使

図 5.9 計画案の 3 次元表示（口絵参照）
上から順に，南西，東，南方向から事業範囲を俯瞰したものである．

い勝手の悪い農地は耕作が放棄される危険性が高いが，放棄されると短期間で雑草が繁茂し，景観も悪化する．第 2 に，周囲の地形が複雑な中山間地では地形なりに形成された区画が多いが，これらと調和した区画および法面の整備が全体的な統一感の形成につながる．

新潟大学案は従来の棚田の形態をそのまま再現するものではない．だが，新たな景観形成につながるシンボル的な意味合いを持たせることができるであろう．

図 5.9 は工区全体を 3 次元で表現し，さまざまな角度から俯瞰したものである．弧を描いた階段状のテラスが上部から下部へと無理なく配置されている．また，巨大な法面は形成されず，曲線が適度に反映されている．

5.6 おわりに

新潟大学案は汎用 GIS ソフトウェアを用いて作成した．平行畦畔型等高線区画の設計においては，相互の区画の高さ調整を行うなど三次元的な空間計画が必要であるため，従来の平面図を用いた手法では導入が困難である．これに対応したソフトウェアの開発も行われているが，現状では操作性に課題を残しており，これが等高線区画の普及への障害のひとつとなっている．

筆者らの試みは市販の GIS によって効率的な計画設計ができることを示した．GIS の中級者以上であれば簡便に扱えるうえ，土工量計算や三次元表現など説得力のある設計が短期間で可能である．実際に筆者らが素案作成からすべての作業完了までに費やした時間は，のべ 24 時間程度であった．今後は，初級者でも計画案が策定できるよう，操作マニュアルを作成し，普及をすすめていきたい．

参考文献

有田博之・木村和弘 (1997) 持続的農業のための水田区画整理．農林統計協会．

木村和弘・有田博之・内川義行 (1994) 急傾斜地水田の畦畔法面の形状と除草作業の実態－畦畔除草に適した圃場整備技術の開発 (Ⅱ)－．農業土木学会論文集, 170, pp.1-10.

木村和弘・西口 猛 (1987) 等高線型区画における区画形状と乗用型農業機械の作業性－山間急傾斜地水田の圃場整備に関する研究 (Ⅱ)－．農業土木学会論文集, 132, pp.1-10.

新潟県農地部・新潟県農村振興技術連盟 (2006) 新潟県中越大震災－農地・農業用施設の復旧復興に向けて－．新潟県農地部・新潟県農村振興技術連盟．

6 時系列地理情報を活用した盛土の脆弱性評価

小荒井　衛・長谷川裕之・中埜貴元

6.1　はじめに

　昭和53年（1978年）宮城県沖地震，平成7年（1995年）兵庫県南部地震，平成16年（2004年）新潟県中越地震，平成19年（2007年）新潟県中越沖地震等の際に，大規模に谷や沢を埋めた造成宅地（谷埋め盛土等）において，盛土と地山との境界面等における盛土全体の地すべり的変動（以下，「滑動崩落」という）が生じ，大きな被害をもたらした。政府の地震調査研究推進本部では，今後30年以内の大地震の発生確率として，茨城県沖90％程度以上，根室沖地震80％程度，南海トラフの地震70〜80％程度との予測を公表しており（2018年2月9日時点），大地震による崖崩れや土砂の流出（滑動崩落等）により，大きな被害の発生が懸念されている。

　そのような背景から，「宅地造成等規制法」（以下，「宅造法」と略す）が改正され，都道府県知事等が崖崩れ等による災害で相当数の居住者等に危害を生ずる恐れが大きい造成宅地の区域を「造成宅地防災区域」として指定し，その区域内の宅地所有者等に対し，災害防止のための必要な措置をとることを勧告，または命ずることができるようになった（平成18年（2006年）9月30日施行）。この法律での宅地耐震化のスキームは，「地方公共団体が大規模盛土造成地の変動予測調査を行って宅地ハザードマップを作成し，都道府県知事等が造成宅地防災区域の指定もしくは宅地造成工事規制区域における勧告を

行い，宅地所有者等が滑動崩落防止工事を実施する」となっている。国土交通省では，造成宅地防災区域の指定等を行うにあたって必要となる大規模盛土造成地の変動予測の調査手法について，2008年に「大規模盛土造成地の変動予測調査ガイドライン」（以下，「ガイドライン」と略す）としてとりまとめ，公表しており，その後2015年に「大規模盛土造成地の滑動崩落対策推進ガイドライン及び同解説」として改訂されている（国土交通省，2015）。

　本論では，ガイドラインの概要について第2節で紹介すると共に，その中の第一次スクリーニングに必要な高精度な地形改変データを，時系列地理情報を用いて適切に作成する手法について，情報の種類ごとの活用方法と精度並びに問題点を整理して，第3節・第4節で解説する。また，時系列地理情報を宅地耐震化推進事業へ役立てる手法として，改変地形データのみから盛土の脆弱性を簡便に評価する手法（システム）について，第5節で紹介する。

　なお，第2節は第3節以降を理解する上での前提として必要な国土交通省の施策の紹介であり，筆者らのオリジナルの研究成果は第3〜5節である。ここでの成果は，平成17〜19年度に実施した国土地理院特別研究「国土の時系列地図情報の高度利用に関する研究」と，平成19年度〜平成21年度に実施した国土交通省総合技術開発プロジェクト「高度な画像処理による減災を目指した国土の監視技術の開発」におけ

る「地盤の脆弱性把握のための開発」の中で得られたものである。本論の前半の内容（2〜4節）については、小荒井・長谷川（2008a；2008b）に、後半の内容（5節）は国土交通省（2010），中埜ほか（2012）に詳しくまとめられている。

6.2 ガイドラインの第一次スクリーニングの概要と必要な地理情報

ガイドラインでは、盛土面積が 3,000 m² 以上の「谷埋め盛土」、盛土する前の地盤面の水平面に対する角度が 20°以上でかつ盛土の高さが 5 m 以上の「腹付け盛土」を、大規模盛土造成地として調査対象にしている（図6.1）。変動予測調査の流れを図6.2に示すが、この調査は資料調査が中心の第一次スクリーニングと現地

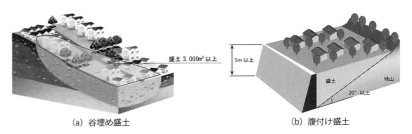

(a) 谷埋め盛土　　(b) 腹付け盛土

図 6.1　谷埋め盛土と腹付け盛土の模式図（国土交通省, 2015）

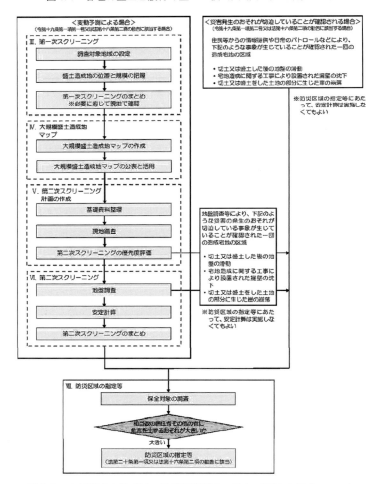

図 6.2　大規模盛土造成地の変動予測調査の流れ（国土交通省, 2015）

調査が中心の第二次スクリーニングにより構成されている。

(1) 第一次スクリーニングの概要

第一次スクリーニングでは，造成前後の地形図，空中写真等の基礎資料により大規模盛土造成地の位置と規模を把握し，第二次スクリーニングを実施する大規模盛土造成地を抽出することを目的とする。第一次スクリーニングの流れを図6.3に示す。大規模盛土造成地を抽出するための基礎資料のリストを表6.1に示す。

抽出精度を上げるためには，収集資料は縮尺1/2,500程度が望ましい。同程度の縮尺の地図情報としては，国土基本図，旧版都市計画図が1960年代から国土地理院や地方公共団体において整備されてきている。それより古い時代については，1/10,000旧版地形図が，県庁所在地，政令指定都市など人口がおよそ10万人以上の地域で整備されていた。

一方，縮尺1/2,500地形図を作成するためには縮尺1/10,000～1/25,000の空中写真が必要である。空中写真については，1960年代から撮影縮尺約1/8,000～1/16,000のモノクロ空中写真が撮影されている（都市部では約1/8,000～1/10,000）。一方，米軍撮影の空中写真（以下，「米軍写真」という）が1940年代後半に撮影縮尺約1/40,000で全国撮影されており，主要都市や海岸部，幹線道路沿いでは約1/12,000で撮影されている。上記に述べた資料を用いて，盛土造成地の位置と規模（盛土の面積，原地盤面の勾配，盛土の厚さ等）について，地図情報の重ね合わせやデジタル標高モデル（Digital Elevation Model: DEM）の差分計算等により求めることになる。

その後，地方公共団体は，第一次スクリーニングにおいて抽出された大規模盛土造成地を表示した「大規模盛土造成地マップ」を作成し，住民等への周知・普及を図るとともに，第二次スクリーニングを優先的に行うべき地域の選定

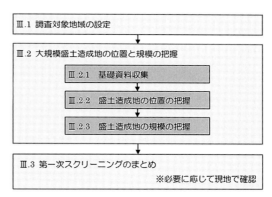

図6.3　第一次スクリーニングの流れ
（国土交通省，2015）

表6.1　収集資料の事例（国土交通省，2015）

資料名	縮尺等	年代	整備機関（整備範囲）
航空レーザーメッシュ標高データー	5mメッシュ	2003年頃～	国土地理院、国土交通省等（主要都市）
旧版都市計画図（紙）	1/2,500～1/5,000	1960年頃～	地方公共団体
都市計画図（DM）	1/2,500～1/5,000	1995年頃～	地方公共団体
砂防基盤図（DM）	1/2,500	2000年頃～	国土交通省等（山間部）
旧版地形図（紙）	1/10,000～1/20,000	1886年～1960年	国土地理院（主要都市）
地形図（紙）	1/10,000	1983年～	国土地理院（主要都市）
国土基本図（紙）	1/2,500、1/5,000	1960年～	国土地理院（主要都市）
空中写真（カラー）	1/8,000～1/15,000	1974年～1990年	国土地理院（全国）
空中写真（モノクロ）	約1/8,000～1/10,000	1960年代	国土地理院（主要都市）
空中写真（モノクロ）	約1/16,000	1960年代～1980年代	林野庁（山岳部）
米軍撮影4万	約1/40,000	1946年～1948年	国土地理院（全国）
米軍撮影1万	約1/12,000	1946年～1948年	国土地理院（主要都市、海岸部、幹線道路沿い）

を行う。ガイドラインには，選定のための危険度評価手法として，盛土厚さ，盛土幅，地下水の有無等から点数を付けて評価する点数方式と，盛土の幅／厚さ比，底面傾斜／厚さ比，地下水の豊富さ等からカテゴリースコアを求めて評価する数量化Ⅱ類方式，および盛土の形状から側方抵抗モデルの考えに基づいて統計的に評価する手法が紹介されている。

（2）第二次スクリーニングの概要

第二次スクリーニングは，現地調査及び安定計算により滑動崩落の恐れが大きい大規模盛土造成地を抽出することを目的とする。第二次スクリーニングの流れを図6.4に示す。現地踏査により大規模盛土造成地の区分を行い，区分された部分ごとに調査測線を設定し，調査測線における調査ボーリングや弾性波探査・表面波探査等の物理探査を行うことにより，形状・土質・地下水位等を把握する。その結果を基に安定計算を行い，地震力及びその盛土の自重による当該盛土の滑り出す力が，その滑り面に対する最大摩擦抵抗力とその他の抵抗力を上回るか否かを確認する。

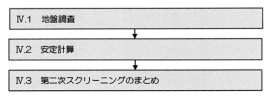

図6.4　第二次スクリーニングの流れ
（国土交通省，2015）

6.3　国土変遷アーカイブ事業と時系列地理情報の利活用研究

国土地理院は，旧版地形図や過去の空中写真など，時系列かつ精度の高い国土情報を多数所有しており，これらの時系列地理情報を地理情報システム（Geographic Information System: GIS）上で活用できれば，国土の成り立ちや発達過程を考察する上で，貴重な情報を提供してくれることになる。そのため，旧版地形図，空中写真，主題図（土地条件図・土地利用図），古地図（伊能図・迅速測図等）のような時系列的な地理情報をデジタル化する事業（国土変遷アーカイブ事業）が平成16年度（2004年度）から進められている。

これら時系列地理情報をGISベースで利活用するための基礎的な研究として，旧版地形図を利用した時空間データの試作（明野ほか，2002），時系列地理情報の位置精度評価（長谷川ほか，2005b），米軍空中写真のカラー化（長谷川ほか，2005a），時系列地形図の閲覧ソフトの開発（谷，2009），土地被覆や植生の変遷の把握（司馬・長澤，2009；小荒井，2010；小荒井ほか，2011）などがある。

その他，米軍写真を精度良く標定して，オルソ画像（正射画像）やDEMを作成する技術の開発（長谷川ほか，2006；2007）も行われており，時系列地理情報から作成した詳細な新旧DEMの差分から地形改変の箇所とその量を定量的に評価することが可能である。この手法はまさにガイドラインの第一次スクリーニング技術そのものであり，使用する時系列地理情報の違いにより，抽出されるDEMの差分に精度面でどのような特徴があるのかを把握しておくことは極めて重要である。

旧版地形図や過去の空中写真を用いることで，盛土造成地等の改変地における改変前の地形データを得ることができるため，現在の地形データと差分を取ることで地形改変量を求めることができる。丘陵地や山間部を造成した大規模盛土造成地等では，盛土と切土の分布を把握することができ，国土交通省が実施している宅地耐震化推進事業における大規模盛土造成地の変動予測調査に役立てることができる。具体的な地形改変量の把握手法（改変地形データの作成手法）については，国土地理院作成の「人工改変地形データ抽出のための手順書」にまとめ

られているので（星野ほか，2009），そちらを参照されたい。

6.4 時系列地理情報を活用した盛土・切土の抽出手法とその精度

ここでは，地形図，空中写真を利用して改変地形データを作成した際の精度評価結果（長谷川ほか，2006）を紹介する。

(1) 対象地域と使用データ

戦前から丘陵地の宅地開発等がなされてきた東京都の多摩丘陵の約 3 km^2（2.0 km × 1.5 km）を対象に，時系列地理情報を活用した盛土・切土の抽出の有効性を検討した。多摩丘陵は，高度経済成長期以前には河川沿いの低地に水田が広がり，段丘や緩斜面には畑が広がっていた。また，段丘や丘陵を浸食する谷部には谷地田が散在し，丘陵上には薪を取るための雑木林や草地が広がっていた。この地域では，昭和40年代からニュータウン開発が始まったが，開発の過程で地形が著しく改変され，丘陵や平野が全面的に開発され，谷地田や里山がほぼ消滅し，現在では対象地域の大部分が宅地となり都市化が著しく進んでいる。

開発後の地形データを取得するための地形図には，2004年東京都発行の 1/2,500 地形図（以下，「新時期地形図」と略す）を，空中写真には，2003年11〜12月撮影（縮尺1:10,000）の空中写真（以下，「新時期写真」と略す）を使用した。また，開発前の地形データを取得するための地形図には，1962年東京都発行（1956年測量，1958年修正）の 1/3,000 地形図（以下，「旧時期地形図」と略す）を，空中写真には1947年8月撮影（縮尺1:10,000）の米軍写真（以下，「旧時期写真」と略す）を使用した。また，各データの位置精度を検証するために，全ての利用データ上で確認できる点を検証点（水平：17点，標高：9点）として選定し，GPS測量によ

り検証点の位置座標を計測した。なお，各検証点において複数回の計測を行い，観測ごとの較差が小さいことを確認している。

(2) 地形図からの地形データ取得とその精度評価

地形図から地形データを作成する場合，デジタル化，幾何変換（座標付与），等高線ベクトル化，DEM作成といった作業が必要となる。以下に，その過程を示す。

① 地形図を400dpiでスキャンしてデジタル画像にする。
② 図郭の四隅の位置と座標を利用してアフィン変換を行い，デジタル画像に測地座標を与えて地形図を標定する。
③ 標定後のデジタル画像上で，検証点と同一とみなせる点を選点し，その座標を計測する。
④ 座標付与後の地形図上で検証点の座標を計測し，GPS観測により得られた座標との比較を行う。
⑤ GISを用いて等高線を全てベクトル化し，標高を属性として付与する。

検証点での座標計測の結果，新時期地形図で平均 0.826 m（標準偏差 0.445 m），旧時期地形図で平均 2.370 m（標準偏差 1.418 m）の水平方向のずれが確認された。公共測量作業規程（2006年当時）における地形図の水平位置精度は図上 0.7 mm なので，許容誤差は 1/2,500 で 1.75 m，1/3,000 で 2.1 m となる。新時期地形図は公共測量作業規程における図化精度を満たしているが，旧時期地形図は必要な図化精度を満たしていない。旧時期地形図は，写真測量ではなく平板測量で作成された地形図であるため，誤差が大きくなっているものと推測される。

旧版地形図や迅速測図原図等の昔の地形図情報の位置精度検証の事例としては長谷川ほか（2005b）があり，総合的に位置精度の状況を整理している。古い地形図を地形データの取得に

利用するためには，地形図が作業に必要な精度を満たしているかどうかの確認が必須である。

(3) 空中写真からの地形データ取得とその精度評価

空中写真から地形データを作成する場合，内部標定，外部標定，および地形特徴データ（ブレークライン・等高線・標高単点）取得作業などが必要となる。新時期写真は公共測量作業規程に基づき空中三角測量を行った。旧時期写真として米軍写真を利用する場合，その内部パラメータは不明であり，通常の内部標定方法を適用できない。このため，米軍写真からの DEM 作成に適した手法を開発し，この手法に基づいて作業を行った。

まず内部パラメータ（焦点距離等）を推定し，基準点における高さ方向の標定残差が最も小さくなる焦点距離を求めた。次に，上記で得られた焦点距離・画角を用い，旧時期地形図から取得した基準点を用いて米軍写真の空中三角測量を行った結果，基準点残差は水平方向で 1.807 m，高さ方向で 0.191 m，交会残差は x，y 方向でそれぞれ 14.7 μm，23.8 μm であった（表 6.2）。交会残差は，空中三角測量における一般的な制限値（10 μm）よりも大きい。一方，新時期写真の空中三角測量では，基準点残差は水平方向で 0.210 m，高さ方向で 0.073 m，交会残差は制限値に収まっている。

以上の結果は，現在の空中写真を利用した場合に比べて米軍写真の歪みはやや大きく，従って得られる座標の誤差が大きいことを示している。基準点残差から考えると，旧時期写真から得られる地形データの位置精度は，新時期写真から得られる地形データの位置精度より一桁悪いと考えられる。

最終的な空中三角測量結果から，地形特徴データを取得した。ブレークラインとしては，土地被覆境界や傾斜変換線，1 m 以上の段差などを取得した。

(4) 地形データ (DEM) の作成と比較

各データから取得した地形特徴データ（地形図では等高線，空中写真では傾斜変換線）を境界として用いて TIN (Triangulated Irregular Network) モデルを作成し，その内挿により DEM を作成した。各 DEM から作成した陰影図を図 6.5 に示す。

旧時期写真から作成した陰影図［図 6.5：(a)］と旧時期地形図から作成した陰影図［図 6.5：(c)］を比較すると，［図 6.5：(a)］では丘陵部での小さな尾根や谷，谷底部を蛇行している河川を明瞭に把握することができる。しかし，［図 6.5：(c)］では丘陵部の主要な尾根は明瞭であるが，そこから派生する小さな尾根や谷は明瞭ではない。また，谷底を通る河川の位置も不明瞭である。さらに，対象地域中央部の尾根には

表 6.2 空中三角測量結果 (長谷川ほか，2006)

	検証点残差 (m)				交会残差 (μm)		$\sigma 0$ (μm)
	X	Y	XY	Z	x	y	
標準偏差	1.523	0.972	1.807	0.191	14.7	23.8	27.9
最大値	3.372	1.388	3.646	0.283	257.1	96.7	

	検証点残差 (m)				交会残差 (μm)		$\sigma 0$ (μm)
	X	Y	XY	Z	x	y	
標準偏差	0.143	0.154	0.210	0.073	6.8	6.5	9.5
最大値	-0.353	0.317	0.474	0.182	24.1	17.8	

上：求められた焦点距離，画角を用いて米軍写真を標定した結果（基準点20点を使用）
下：新時期写真を標定した結果（基準点34点を使用）

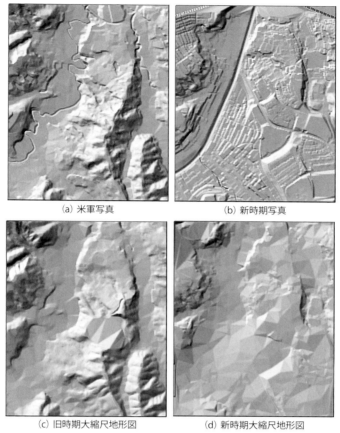

(a) 米軍写真　　　(b) 新時期写真

(c) 旧時期大縮尺地形図　　　(d) 新時期大縮尺地形図

図 6.5　DEM の比較 (小荒井・長谷川, 2008b)

TIN の形状が現れてほとんど水平な面が見られるが, これはこの箇所が地形図上で整地工事中のために等高線が取得できなかったためである。

新時期写真から作成した陰影図 [図 6.5：(b)] と新時期地形図から作成した陰影図 [図 6.5：(d)] を比較すると, [図 6.5：(b)] では宅地造成により生じた面や段差, 改修により直線化された河川などが認識できる。しかし, [図 6.5：(d)] では宅地造成により生じた面は明瞭でなく, また河川も明瞭ではない。これは, 宅地造成された箇所では地形図上に等高線が表示されておらず, 地形特徴データがほとんど取得できなかった一方で, 空中写真では擁壁等の傾斜変換線をブレークラインとして取得したためである。また河川についても, 地形図が河床の標高値をほとんど取得していないため, 地形図からの DEM では河川形状が表現されていない。

以上のことから考えると, 地形図から作成した DEM よりも空中写真から直接図化して作成した DEM の方が, 地形表現力が勝っていると言える。

(5) 改変地形データの作成と比較

新旧時期の地形図を用いて作成した DEM の差分から改変地形データ (地形図) を, また新旧時期の空中写真を用いて作成した DEM の差分から改変地形データ (写真) を, それぞれ作成した (図 6.6)。この図では, DEM の変化が 2 m 以上あった箇所を着色して表示してあり, 新しい DEM の数値の方が大きい箇所 (盛土)

78　第Ⅰ部　防災GIS

を赤色で，新しいDEMの数値の方が小さい箇所（切土）を青色で表示している。両者を比較すると，概略では大きな違いはない。しかし，改変地形データ（写真）では河川改修に伴う流路の変更箇所が盛土・切土として認識されている（図6.6左図右上の丸で囲んだ箇所）のに対

し，改変地形データ（地形図）では認識されていない。また，河川沿いの低地など緩傾斜な箇所では，等高線のみでは地形表現が不十分なため，改変地形データ（地形図）では全面が盛土として認識されている。また，丘陵部では，改変地形データ（地形図）では小さな谷を盛土し

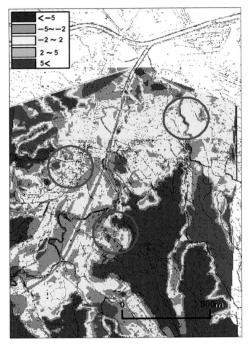
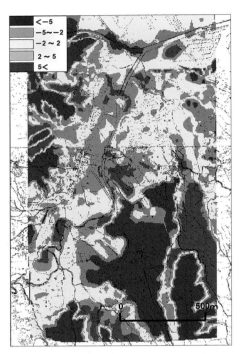

図6.6　人工的な地形変化の分布（上が北，単位：m）（口絵参照）（小荒井・長谷川，2008b）
（左）改変地形データ（写真）による差分図　　　　（右）改変地形データ（地形図）による差分図

図6.7　大縮尺盛土・切土分布図（上が北，単位：m）（口絵参照）（小荒井・長谷川，2008b）

表 6.3 推奨する盛土・切土抽出方法

(1) アナログ（紙）地図しかない場合

側面	作成手法による良し悪しの対比		
予算	空中写真による DEM 作成	≦	等高線のデジタイズによる DEM 作成
精度	空中写真による DEM 作成	＞＞＞	等高線のデジタイズによる DEM 作成

→ 空中写真を使う方が効果的

(2) デジタル地形図（デジタルマッピングによる）がある場合

側面	作成手法による良し悪しの対比		
予算	空中写真による DEM 作成	＜	デジタルマッピングからの DEM 作成
精度	空中写真による DEM 作成	＞	デジタルマッピングからの DEM 作成

→ 空中写真とデジタル地形図のどちらが良いかはケースバイケース
（使える予算と求める精度との兼ね合い）

た箇所が表現されていないのに対し，改変地形データ（写真）では小さな盛土・切土も認識されている（図 6.6 左図左下の丸で囲んだ 2 箇所）。

1／2,500 地形図に盛土・切土の分布データを重ね合わせたものを図 6.7 に示す。ほぼ住宅 1 軒ごとの地形改変状況が把握可能であることがわかる。しかし，DEM の差分が±2ｍ以内の白抜きの部分が，住宅 1 軒分程度の幅で盛土と切土の境界に広がっており，滑動崩落が盛土・切土境界付近で発生することが多いことから，この白抜きの部分はより厳密に現地調査等を行って，盛土と切土の境界をより正確に求める必要がある箇所といえる。

(6) 適切な盛土・切土の抽出手法について

これまで述べたように，データの正確さや精度，微地形の再現性という観点では，空中写真から DEM を作成した方が地形図から作成するよりは望ましいと言える。しかしながら，空中写真からの DEM の作成は人員・費用がかかる。特に，空中写真の図化を行うには，デジタル写真測量システムが必要となり，米軍写真を利用する場合にはこれに適した空中三角測量法が必要となる。一方で，都市計画図は古い時代のものが作成されていないか，入手困難な場合があるのに対し，空中写真は米軍撮影の戦後直後のものが容易に入手できる。このため，地域ごとに地形図・空中写真の入手可能性，必要とされる情報のレベルを検討して，適切なデータ作成方法を選択する必要がある。

特にアナログの紙の地形図しかない場合には，等高線をデジタイザーで数値化するところから作業を始めなければならず，費用がそれなりにかかる割に DEM の精度が空中写真によるものよりは格段に劣ることから，新旧の空中写真が入手できるのであれば，空中写真による DEM の差分抽出が望ましいと考える。一方，デジタルマッピングによるデジタル地形図がある場合には，DEM の作成は機械的かつ廉価で行うことができ，DEM の精度もアナログ地形図をデジタイザーで数値化して作成するよりは高精度である。従って，費用をかけて空中写真から DEM を作成するかどうかは，対象地域の状況や目的に応じてケースバイケースで判断すべきであろう。その辺りの考え方を整理したものを，表 6.3 に示す。

6.5 新旧地形差分データを用いた盛土の地震時脆弱性評価

地震時における地盤災害の多くは，谷埋め盛土，河川沿いの低地などの人工改変地で生じている。地震時の地盤災害を減少させるには，地形改変箇所を危険度によって分類し，危険度の高い箇所から優先的に対策を行う必要が

ある。ただし，地形改変箇所はかなりの数に上るため，全ての箇所でボーリングなどの詳細な調査を行うことは不可能である。このため，主として地形改変量を定量的に表した人工改変地形データを用いて，どこでどの程度の人工改変が行われているかを定量的に把握し，それぞれの人工改変地の危険度を簡易的に評価して詳細調査の優先順位を決定したり，安全な改変箇所を詳細調査の対象から除外したりすることが必要とされている。しかしながら，それらを簡便に行う手法やシステムは，まだ開発途上にある。本節では，人工改変地形データを用いてそれぞれの人工改変地の脆弱性を簡易に相対評価する代表的な手法および検証結果と，これらの手法を盛り込んだ評価支援システムについて紹介する。

(1) 盛土の地震時脆弱性評価手法の現状

主に盛土の形状を用いてその脆弱性を評価する手法が幾つか提案されている。例えば，ガイドラインに掲載されている「点数方式（以下，「ガイドライン点数方式」と呼ぶ；国土交通省，2015）や，釜井・守随（2002）の「数量化Ⅱ類方式」，太田・榎田（2006）の「簡易側方抵抗モデル」などが挙げられる。これらの大半は，1995 年の兵庫県南部地震の際の盛土の滑動崩落を説明できるよう帰納的に作られたモデルである。それらに加えて，他の地震による盛土の滑動崩落事例を加味した「統計的側部抵抗モデル」や「統計的三次元安定解析モデル」も提案されている（国土交通省，2010；中埜ほか，2012）。

これらのうち，「ガイドライン点数方式」（国土交通省（2015）の方式2）と「統計的側部抵抗モデル」，「統計的三次元安定解析モデル」を組み込んだ盛土脆弱性の評価支援システムが国土地理院によって開発されている。なお，この評価支援システムを開発した筆者らは，このシステムだけで盛土の脆弱性を正確に評価できるものとは考えていない。あくまで最終的な脆弱性評価は，二次スクリーニング以降の現地踏査，ボーリング調査，物理探査等を含めた調査により判断すべきものと考える。よって本システムは，改変地形データのみから相対的な盛土の脆弱性を求めて，二次スクリーニングの優先順位付けを行うことに特化したシステムと位置付けている。

(2) 盛土脆弱性評価手法の検証

現地調査を伴うことなく，改変地形データのみから盛土の脆弱性を評価できることを目指して，1995 年兵庫県南部地震の際の盛土の滑動崩落を説明できるよう帰納的に作られた「ガイドライン点数方式」（方式2），釜井・守随（2002）の「数量化Ⅱ類方式」，太田・榎田（2006）の「簡易側方抵抗モデル」の3つの評価手法について，2007 年新潟県中越沖地震による柏崎市の盛土造成地における盛土被害を対象に，その適合性を検証した。

柏崎市の朝日が丘，向陽町における盛土造成地の改変地形データと，新潟県中越沖地震時の地盤変状分布を重ねた例を図 6.8 に示す。旧地形は昭和 36 年撮影の 1/20,000 空中写真，新地形は平成 14 年撮影の 1/20,000 空中写真を使用して作成されている。図 6.8 を見ると，地盤変状は盛土部分と盛土・切土境界部分で発生している。

検証では，正誤判定基準を変動確率 = 50％及び安全率 F_s = 1.0 として正答率を求めた。腹付け盛土の評価ができない手法については，腹付け盛土と判断された盛土は正答率の計算から除外している。また，対象とした評価手法は，盛土の全体または大部分が元々の地盤をすべり面として変動する滑動崩落現象を対象としているため，現地調査等で滑動的変動が確実な盛土のみを変動盛土としている。

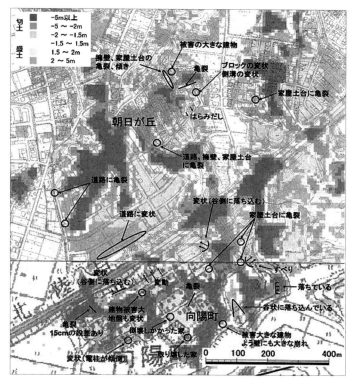

図 6.8 柏崎市朝日が丘・向陽町の盛土・切土分布と新潟県中越沖地震による地盤変状の分布（小荒井，2009）

① ガイドライン点数方式

ガイドラインに示されている点数方式（方式2）で，表 6.4 に示す配点表により，盛土厚さ，盛土幅，盛土幅／盛土厚さ，原地盤勾配，地下水の有無で評価する。盛土厚さと盛土幅の配点が高く，地下水の評価比率は 2 ％と小さい。なお，この手法では腹付け盛土は評価できない。

この手法を新潟県中越沖地震の被害事例で検討したところ（表 6.5），変動・非変動盛土を合わせた正答率では 70 ％以上であったが，変動盛土に限って見ると 15 ％と低い。

「ガイドライン点数方式」では盛土厚さに関する配点が高く，厚さ 3 m 以下の盛土の点数が 21 と最大になっている。図 6.9 左は DEM の差分値の閾値を 2 m で表示した盛土分布であるが，水田の半分程度の面積が盛土として表示されている。図 6.9 右は閾値 3 m で盛土表示したものであるが，谷埋め盛土や道路部の盛土などが概ね適切に抽出されている。この地域の水田が 2 m も盛土されているとは考えにくく，写真測量で DEM を作成しても盛土の抽出精度は標高差 2 ～ 3 m 程度と考えられる。従って，厚

表 6.4 「ガイドライン点数方式」の配点表（国土交通省，2015）

盛土厚さ（m）		盛土幅（m）		盛土幅／盛土厚さ		原地盤の勾配（度）		地下水	
区分	点数	区分	点数	区分	点数	区分	点数	区分	点数
3 以下	21	20 以下	0	5 以下	1	5 以下	5	あり	1
3 ～ 6	12	20 ～ 50	3	5 ～ 10	2	5 ～ 10	4	なし	0
6 ～ 12	6	50 ～ 120	5	10 ～ 15	5	10 ～ 15	2		
12 より大きい	0	120 より大きい	10	15 より大きい	8	15 より大きい	0		

表 6.5 新潟県中越沖地震の盛土被害を事例にした各手法による谷埋め盛土の評価結果

		変動確率50%、Fs＝1.00 基準		
		ガイドライン点数方式	数量化Ⅱ類方式	簡易側方抵抗モデル
変動盛土	総数	13	13	13
	正答数	2	5	9
	正答率	15%	38%	69%
非変動盛土	総数	35	35	35
	正答数	32	33	32
	正答率	91%	94%	91%
合計	総数	48	48	48
	正答数	34	38	41
	正答率	71%	79%	85%

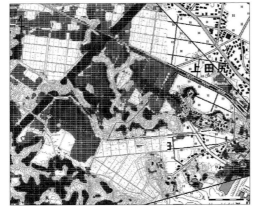 

図 6.9　DEM の差分値の閾値の違いによる盛土分布の違い（左：閾値 2 m，右：閾値 3 m）（小荒井ほか，2009）

さ 3 m 以下の盛土を正確に抽出することは難しく，厚さ 3 m 以下の盛土の地盤脆弱性をかなり高く評価している「ガイドライン点数方式」の設定は，技術的な問題を含んでいるものといえる。

② 数量化Ⅱ類方式

「ガイドライン点数方式」と比べて地下水をより重視した手法である。この手法では，図 6.10 のカテゴリスコアのように，幅 / 厚さ比，底面傾斜 / 厚さ比，形成年代，谷の長軸方向，地下水の豊富さで評価する。地下水の評価比率は 15% となるが，この手法でも腹付け盛土の評価はできない。

「数量化Ⅱ類方式」を新潟県中越沖地震の被害事例で検討したところ（表 6.5），変動・非変動盛土を合わせた正答率は 80% 弱であったが，変動盛土に限って見ると約 40% と高くはない。

③ 簡易側方抵抗モデル

「簡易側方抵抗モデル」は，盛土幅，盛土厚さ，盛土長，地山傾斜角，地下水の有無のみで力学的な評価が可能なモデルである。谷側部の抵抗力と底面の過剰間隙水圧（滑動力）のバランスを考慮し，谷埋め盛土の形状を図 6.11 のように単純化して評価しており，腹付け盛土も評価可能である。これは，盛土の脆弱性が幅／深さ

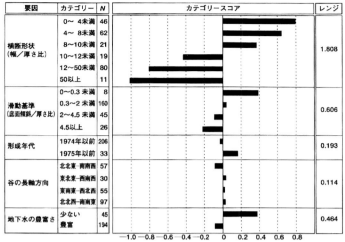

図 6.10 「数量化 II 類方式」のカテゴリスコア（釜井・守随，2002）

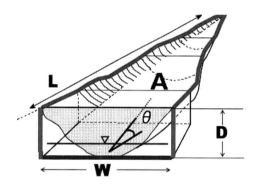

図 6.11 「簡易側方抵抗モデル」での評価に用いる地形量
（太田・榎田，2006）
A：盛土面積，L：盛土長，D：盛土厚さ，W：盛土幅，
θ：地山傾斜角

比と強い相関を持つことに基づいている。兵庫県南部地震時の被害事例に合うように地盤強度的パラメータを帰納的に求めた手法で，ある盛土が兵庫県南部地震時に変動した盛土と形状が統計的にどの程度類似しているかを求める手法と言える。地下水については，地山傾斜角の関数として地下水位を入力してあり，実測値の入力も可能である。

「簡易側方抵抗モデル」を新潟県中越沖地震の被害事例で検討したところ（表 6.5），変動した谷埋め盛土の正答率は約 70 % と他手法に比べて相対的に高かった。また，「簡易側方抵抗モデル」による変動した腹付け盛土の正答率は 100 % だった。

(3)「簡易側方抵抗モデル」を基にした統計的なモデルの構築

新潟県中越沖地震における柏崎市の盛土造成地での検証結果では，「簡易側方抵抗モデル」の正答率が他の手法と比べて有意に高かった。そのため，国土地理院では，「簡易側方抵抗モデル」を元に，盛土造成地で被害が多発した他の地震の事例を追加して，他地震での盛土被害が説明可能なモデルを帰納的な手法で構築している（国土交通省，2010；中埜ほか，2012）ので，その手法を紹介する。

① 統計的側部抵抗モデル

「簡易側方抵抗モデル」について，兵庫県南部地震での阪神地区の事例の他に，過去に被害事例のある長岡地区（高町地区），柏崎地区（朝日が丘・向陽・上田尻地区）のデータセット（いずれも写真測量で作成された高精度データ）も加えてキャリブレーションを実施し，地盤強度的パラメータを帰納的に求めた手法が，「統計的側部抵抗モデル」である。

表 6.6 3 地区でキャリブレーションした「統計的側部抵抗モデル」の最適フィッティング値 (中埜ほか, 2012)

変動盛土の正答率が 100% となる設定	
過剰間隙水圧高 (m)	4.5
水の単位重量 (kN/m³)	9.8
単位体積重量 (kN/m³)	18.0
側面粘着力 (kN/m²)	25.0
側面内部摩擦角 (°)	35.0
底面粘着力 (kN/m²)	0.0
底面内部摩擦角 (°)	36.0
側方土圧係数	0.5
水平震度 kh	0.25

正答率	変動盛土	100%
	非変動盛土	38%

変動・非変動盛土の正答率の合計が最大となる設定	
過剰間隙水圧高 (m)	3.0
水の単位重量 (kN/m³)	9.8
単位体積重量 (kN/m³)	18.0
側面粘着力 (kN/m²)	39.0
側面内部摩擦角 (°)	35.0
底面粘着力 (kN/m²)	0.0
底面内部摩擦角 (°)	25.0
側方土圧係数	0.5
水平震度 kh	0.25

正答率	変動盛土	85%
	非変動盛土	98%

変動盛土の正答率が 90% 以上で非変動盛土の正答率が最大となる設定	
過剰間隙水圧高 (m)	4.4
水の単位重量 (kN/m³)	9.8
単位体積重量 (kN/m³)	18.0
側面粘着力 (kN/m²)	39.0
側面内部摩擦角 (°)	35.0
底面粘着力 (kN/m²)	0.0
底面内部摩擦角 (°)	33.0
側方土圧係数	0.5
水平震度 kh	0.25

正答率	変動盛土	91%
	非変動盛土	79%

なお，阪神地区については新旧の空中写真から写真測量により DEM の差分を求めて新たにより詳細な盛土地形形状のデータを作成した。キャリブレーションで求める地盤強度的パラメータは，土質工学的に変更が可能な側面粘着力，過剰間隙水圧高，底面内部摩擦角の 3 パラメータである。3 地区でのキャリブレーションの結果を表 6.6 に示す。

変動盛土を見落とさないこと，すなわち変動盛土の正答率が高いことを重視した場合は，変動盛土の正答率が 100 % となる表 6.6 左の設定値となる。この設定値では非変動盛土の正答率が 38 % と相対的に低くなり，危険度評価で上位にランクされた盛土の中に実際には変動しない可能性が高い盛土が含まれることになる。従って，調査の対象となる盛土数が少ない場合や，ほとんどの盛土に対して詳細な調査を実施できる場合に向いた設定値である。

表 6.6 中の設定値は，変動盛土と非変動盛土両方の正答率の合計が最大となる場合で，詳細調査の対象となる盛土を効率的に抽出できる。ただし，変動盛土の正答率が 90 % 未満であり，危険な盛土を見落とす可能性を含んでいるため，事前の現地踏査や情報収集を十分に実施していて，盛土の現況を把握している場合向けである。表 6.6 右の設定値は，変動盛土の正答率が 90 % を超えており，非変動盛土の正答率も 80 % 弱であるため，表 6.6 中の場合よりも変動盛土の抽出効率を重視する場合に適している。

② 統計的三次元安定解析モデル

地すべり土塊の安定性評価等に使用されている土研式 Hovland 法（中村ほか，1985）をベースに，統計的に地盤強度的パラメータを設定して，「統計的側部抵抗モデル」と同じ情報だけで評価可能なモデルである。

「統計的三次元安定解析モデル」においては，ベースとなっている土研式 Hovland 法の性質上，適用可能な盛土の形状が単純なものに限られるため，まず，盛土形状が比較的単純な柏崎地区でキャリブレーションを実施し，表 6.7 のようなフィッティング値が得られている。ここで，各地区の過剰間隙水圧高は先述の「統計的側部抵抗モデル」と同値を用いることを考えると，危険な盛土を見落とさないという観点では，過剰間隙水圧高が最大である柏崎地区のフィッティング値を用いることが望ましいと判断できる。腹付け盛土につ

表 6.7 柏崎・阪神・長岡・仙台（緑ヶ丘）地区における統計的三次元安定解析モデルの最適フィッティング値
（国土交通省, 2010）

	全盛土（谷埋め盛土＋腹付け盛土）				腹付け盛土
地区別過剰間隙水圧高 $\triangle h$	柏崎	阪神	長岡	緑ヶ丘	考慮しない（$\triangle h = 0$）
	5.5 m	4.0 m	4.0 m	5.0 m	
水の単位重量 γw	9.8 kN/m³				
単位体積重量 γ	18 kN/m³				
側面粘着力 c_1	50 kN/m²				0 kN/m²
側面内部摩擦角 ϕ_1	35°				25°
底面粘着力 c_2	0 kN/m²				0 kN/m²
底面内部摩擦角 ϕ_2	35°				25°
水平震度 kh	0.25				

いては，過剰間隙水圧が作用するすべりの他に，過剰間隙水圧が作用しない慣性すべりについても検討されている。このフィッティング値を用いて，仙台（緑ヶ丘）地区を含めた4地区で検証した結果，変動盛土についてはすべて100%の正答率が得られている。ただし，先に述べたように，このモデルは単純な形状の盛土（例えば，末端開放型盛土や腹付け盛土）にしか適用できないため，その適用範囲は限定的である。

（4）盛土の脆弱性評価支援システムの構築

国土地理院では，前述した盛土の脆弱性を評価する手法のうち，「統計的側部抵抗モデル」，「統計的三次元安定解析モデル」，そして「ガイドライン点数方式」の3つの手法で，盛土地形データのみから盛土の相対的な脆弱性を判断できるシステムを構築している。

システムの操作画面を図6.12に示す。新旧地形データを読み込むと，自動的に盛土領域（赤色の領域），切土領域（青色の領域）と盛土の谷軸線（黒点の集合）が表示される。その谷軸

図 6.12 盛土の脆弱性評価支援システムの操作画面 （口絵参照）

を旧地形の等高線などを参考に手動で指定することにより，自動で計測範囲（赤枠）が生成されるとともに評価に必要な地形量が抽出され，予め選択した手法による脆弱性評価結果が一覧表に表示される。一覧表から盛土を選択すると，各盛土のより詳細な評価結果も表示される。谷軸を指定する前に，盛土の管理を容易にするために，地区ごとや集水域ごとなど，ユーザーが手動で谷群（盛土グループ）を設定することもできる。また，表示設定パネルにより，表示縮尺や表示色の変更，盛土等厚線等の表示も可能である。

また，システムの操作性やインターフェイスをより使いやすくするために，選択した盛土の形状を三次元で表示でき，谷幅を自動で設定するだけでなくユーザーが自由に指定することも可能である。

6.6 おわりに

大規模盛土造成地の脆弱性評価に必要な改変地形データの抽出を行う第一次スクリーニングにおいては，時系列地理情報が有用であるが，その抽出精度等を考慮する必要がある。2時期の地形図・空中写真を用いて新旧DEMを作成し，その差分を取ることで，造成地の盛土・切土地の存在とその規模を定量的に評価することが可能である。地形図を用いた場合には，大規模な人工改変地は抽出できても小規模な人工改変地の抽出は難しい。一方，空中写真を用いた場合には高さ1～2m，大きさ5m四方程度の小規模な人工改変地でも抽出可能である。費用・必要精度との兼ね合いで判断すべきであるが，より高精度の盛土・切土抽出を行いたいのであれば，空中写真から作成したDEMを使った差分抽出を推奨する。

また，5節で紹介した手法やシステムを用いることで，改変地形データから簡易に地震時の盛土の脆弱性を評価することができる。国土地理院が開発した評価支援システムでは，ガイドラインで示されている「点数方式」のほか，過去の地震での盛土造成地の被害状況を高い適合率で評価できるモデルが採用されており，このシステムにより，二次スクリーニング（詳細調査，安定解析）の対象盛土の絞り込みの効率化に有用な情報が得られるとともに，盛土地形データの抽出が簡素化され，作業の効率化にもつながると考えられる。

なお，この評価支援システムは現在，国土地理院のホームページから申し込めば，無償で入手可能である（http://www.gsi.go.jp/chirijoho/chirijoho40029.html（2018年5月閲覧）。また，「大規模盛土造成地の滑動崩落対策推進ガイドライン及び同解説」の中で，参考資料の変動確率の評価手法の1つとして位置付けられている。

参考文献

明野和彦・星野秀和・安藤暁史（2002）：旧版地形図を利用した時空間データの試作．国土地理院時報，第99集，pp.89-102.

太田英将・榎田充哉（2006）：谷埋め盛土の地震時滑動崩落の安定計算手法．第3回地盤工学会関東支部研究発表会講演集，pp.27-35.

釜井俊孝・守隨治雄（2002）：「斜面防災都市－都市における斜面災害の予測と対策」．200pp，理工図書．

小荒井　衛（2009）：2.2 地震後の地形変化．2007年新潟県中越沖地震災害調査報告書，（社）地盤工学会．

小荒井　衛（2010）：時系列地理情報を活用して把握した多摩丘陵の土地被覆変遷の特徴．国土地理院時報，第120集，pp.23-35.

小荒井　衛・中埜貴元・星野　実・吉武勝宏・太田英将（2009）：写真測量技術を使った大規模造成宅地の地盤脆弱性評価．日本写真測量学会平成21年度年次学術講演会発表論文集，pp.189-192.

小荒井　衛・長谷川裕之（2008a）：高精度な人工改変データの作成と精度評価手法．（社）日本地すべり学会関西支部シンポジウム「地震時の盛土地盤の地すべり」，pp.17-30.

小荒井　衛・長谷川裕之（2008b）：宅地防災対策への時系列地理情報の利活用．地学教育と科学運動，Vol.58・59合併号，pp.51-58.

小荒井　衛・長谷川裕之・杉村　尚・吉田剛司（2011）：精度・分類項目の異なる時系列地理情報を活用した

土地被覆・植生変遷の把握の有効性－多摩丘陵での事例－．GIS－理論と応用，Vol.19, No.1, pp.1-8.

国土交通省（2015）：大規模盛土造成地の滑動崩落対策推進ガイドライン及び同解説　1編　変動の予測調査編．137pp.

国土交通省（2010）：第3章画像・基盤情報の利活用に関する研究（1）地盤の脆弱性把握のための開発．高度な画像処理による減災を目指した国土の監視技術の開発総合報告書，pp.117-143.

司馬愛美子・長澤良太（2009）：時系列地理情報を用いた鳥取県千代川流域における野草地景観の変遷．景観生態学，Vol.14, No.2, pp.153-161.

谷　謙二（2009）：時系列地形図閲覧ソフト「今昔マップ2」（首都圏編，中京圏編，京阪神圏編）の開発．GIS－理論と応用，Vol.17, No.2, pp.135-144.

中埜貴元・小荒井　衛・星野　実・釜井俊孝・太田英将（2012）：宅地盛土における地震時滑動崩落に対する安全性評価支援システムの構築．日本地すべり学会誌，Vol.49, No.4, pp.12-21.

中村浩之・中島　茂・吉松弘行（1985）：Hovland法による地すべり3次元安定解析手法．土木研究所資料，No.2265.

長谷川裕之・小荒井　衛・佐野滋樹・山本　尚（2006）：旧版地図・航空写真による地形変化（盛土・切土）の把握．日本写真測量学会平成18年度年次学術講演会発表論文集，pp.245-248.

長谷川裕之・小荒井　衛・佐野滋樹・山本　尚（2007）：米軍写真の高精度標定手順と地形データの精度評価．日本写真測量学会平成19年度年次学術講演会発表論文集，pp.97-98.

長谷川裕之・小白井亮一・佐藤　浩・飯泉章子（2005a）：米軍撮影空中写真のカラー化とその評価．写真測量とリモートセンシング，Vol.44, No.3, pp.23-36.

長谷川裕之・吉田幸子・小白井亮一（2005b）：迅速測図原図の幾何補正精度に関する研究．日本国際地図学会平成17年度定期大会発表論文・資料集，p.92.

星野　実・吉武勝宏・木村幸一（2009）：盛土地形データ作成手法の検討．国土地理院時報，第119集，pp.93-100.

第Ⅱ部
環境 GIS

7 窒素酸化物による大気汚染と生態系への影響

山下　研

7.1　はじめに

　欧州や北米では，1960年代頃から酸性雨によって生態系に深刻な影響が現れるようになった。これに対して，酸性沈着と生態系影響の国際的なモニタリングや，シミュレーションモデルによる影響評価の科学的なデータを基礎にして，国際条約を締結して排出量の削減を行うなどの対策が取られてきている。

　アジア地域では，近年の急速な経済成長による石炭や石油などの化石燃料の燃焼量の増加に伴い，今後，酸性雨の原因となる二酸化硫黄，窒素酸化物などの大気汚染物質排出量の増大が予想されている。また化石燃料の燃焼と同時に，地球温暖化の主な原因となる二酸化炭素も大気中に排出されるため，酸性雨と地球温暖化問題はその原因となる物質の発生過程で密接な関係がある。

　このような状況に対応して，東アジア酸性雨モニタリングネットワーク[1]（EANET）は，2001年から本格稼働を開始した，東アジアの13カ国が参加している国際的な取り組みである。欧米とは異なる酸性沈着や生態系影響の状況についての観測調査・研究を行っており，今後東アジアで行うべき取り組み，対策に関して重要な情報を提供している。

　大気汚染問題などの環境問題に対するアプローチとして，GISの利用は効果的である。本章では，大気汚染問題のうち，窒素酸化物の排出，拡散・長距離輸送，沈着及び生態系への影響についてGISを利用した解析方法とその解析例を述べる。さらに，窒素酸化物の排出削減をした場合の効果と費用の試算結果も示す。なお，本章ではArcInfo 9.2（ArcGIS for Desktop Advanced 9.2[2]），エクセル（Excel）2007，アクセス（Access）2007を使用している。

7.2　窒素酸化物の発生・拡散と酸性雨の生成

（1）酸性雨のしくみ

　最初に酸性雨のしくみを簡単に述べる。石油，石炭，天然ガスなどの化石燃料を燃焼させると，二酸化硫黄（SO_2），窒素酸化物（NO_X）などが発生し，大気中に放出され，空気の流れとともに拡散し長距離を移流する。その途中で，太陽光による光化学反応などにより，二酸化硫黄や窒素酸化物は硫酸と硝酸に変化する。生成した硫酸や硝酸は，雨の中に取り込まれたり，微粒子やガスの形で地表に降りて沈着する。沈着した硫酸や硝酸は，その量によっては森林の衰退や湖沼生物の死滅を引き起こすなど，生態系に大きな影響を与えることとなる。

（2）窒素酸化物の発生源インベントリ

　大気汚染物質などがどこからどれだけ排出されているかを表す発生源インベントリについては，アジア地域についてもいくつかの研究成果が発表されている。ここではアイオワ大学世界・地域環境調査センター（CGRER）の窒素酸化

```
Lon(decimal degree), Lat(decimal degree),
Emis(ton_species/yr/grid)
‥‥
0119.5 0053.5 0.000
0120.5 0053.5 10.080
0121.5 0053.5 34.810
0122.5 0053.5 201.970
0123.5 0053.5 583.760
0124.5 0053.5 173.215
0125.5 0053.5 20.296
0126.5 0053.5 0.000
0127.5 0053.5 0.000
‥‥
```

図 7.1　NO_X の発生源インベントリの例
出所) CGRER のホームページ

物（NO_X）の 2000 年の発生源インベントリを利用して解析を行う[3]。

CGRER のホームページ[4]より，NO_X の人為的面源データ（anthropogenic area source）のデータをコピーして，テキストエディタにペーストする。図 7.1 はその中の一部分であるが，このように数字が羅列されている。エクセルの「外部データの取り込み」から，データ区切りを確認して取り込み，保存する。保存したエクセルファイルについては，次のようなデータの加工が必要となる。

CGRER の発生源インベントリデータは，緯度経度 1°×1° のグリッドデータであるが，各グリッドの座標はグリッドの中心の緯度経度（たとえば 60.5° E, 30.5° N）で表されている。これを各グリッドの原点で表示するために，それぞれ 0.5 を引く（60.0° E, 30.0° N にする）。次に，経度×1000＋緯度＋500 の計算を行い，各グリッドを特定する緯度経度コードとする（60.0° E, 30.0° N は 60530）。

ここで緯度経度 1°×1° のポリゴンデータの作成を行う。ESRI ジャパンの Web サイトにある ESRI 製品サポートのダウンロードページから「タイルポリゴン作成ユーティリティ」をダウンロードし，インストールしておく[5]。範囲は東経 60°～146°（86 区分），南緯 11°～北緯 54°（65 区分）を指定し，計 5,590 個のグリッドを作成する。この座標系は，アクティブなデータフレームの座標系で作成される（ここで作成されたポリゴンデータのシェープファイルを本章では "Mesh" と呼ぶことにする）。

各グリッドに識別番号を付けるために，作成した Mesh の属性テーブルを開き，プロパティで項目追加を実行し（この項目名を "ID" とする），ID フィールドを選択して，フィールド演算（FID＋1）で 1 から始まる番号に修正する（1, 2, 3, …, 5590）。この Mesh を属性テーブルのオプション＞エクスポートで，いったん保存する。これをエクセルで開き，経度（Left）×1000＋緯度（Bottom）＋500 という数値を計算すると，各グリッドを特定する緯度経度コードが作成される。

先に作成した CGRER のエクセルファイルの緯度経度コードと，Mesh の緯度経度コードを，エクセル関数の VLOOKUP で照合し，CGRER のファイルに ID を加える。これらを保存したファイルを，アクセスから読み込み，外部データへのエクスポートで保存する（dBASE IV 形式）。

これを ArcMap によって表示したのが図 7.2 である。この図より，各グリッドの色が濃くなっている中国東北部，インド北西部・東北部，日本の関東，関西地方，韓国などの地域で，窒素酸化物の排出量が多いことがわかる。

(3) 長距離化学輸送モデルによる窒素酸化物の沈着量計算結果

ATMOS-N[6]は，アジア地域において NO_X が化学反応をしながら，発生源から沈着地へと運ばれて沈着する長距離輸送をシミュレーションするモデルである。緯度経度 1°×1° のグリッドごとに発生源－沈着地関係（SRRs）が計算されている。前節の発生源インベントリから，この ATMOS-N を用いてアジア地域の窒素酸化

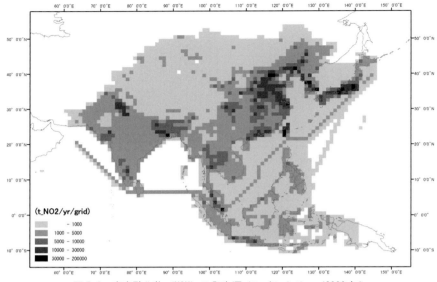

図 7.2　窒素酸化物（NOX）の発生源インベントリー（2000 年）

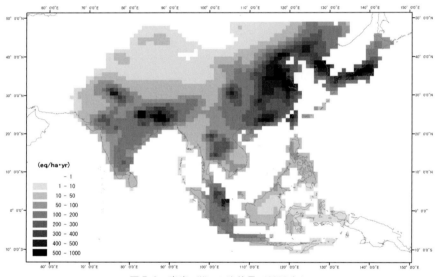

図 7.3　窒素（N）の沈着量（2000 年）

物（N）の沈着量を計算し，図示した結果が図 7.3 である。図 7.2 と比較して，発生源の周囲にも沈着が拡がっている様子がわかる。

7.3　GIS を利用した生態系への影響推計

酸性物質沈着量が多くなると，その地域の動物や植物は悪影響を受ける。臨界負荷量とは，それ以上の沈着量があると生態系に悪影響が現れるとされる境界値のことであり，地形・土壌・生態系の特質によって定まるため，地域ごとに異なる値となる。RAINS-ASIA[7]で作成された硫黄酸化物の臨界負荷量マップから，アジアにおける窒素酸化物の臨界負荷量マップを次の方法で作成した。

（1）窒素酸化物沈着の臨界負荷量の計算

硫黄酸化物沈着の臨界負荷量（$CL_{max}(S)$）と窒素酸化物沈着の臨界負荷量（$CL(N)$）の間に

は次の関係がある[8]。

$$CL_{max}(N)=CL_{min}(N)+CL_{max}(S)/(1-f_{de}) \quad \cdots (1)$$
$$CL_{min}(N)=Nu+Ni \quad \cdots (2)$$

ここで，

Nu：植物による正味窒素吸収量（Nu(net)）

Ni：腐食などの安定な有機物としての窒素の長期的な不動化量

$CL_{min}(N)$：窒素に対する最小臨界負荷量

$CL_{max}(N)$：窒素に対する最大臨界負荷量

$CL_{max}(S)$：硫黄に対する最大臨界負荷量（RAINS-ASIA）

f_{de}：脱窒係数（0～1）

(1)式，(2)式を用いて窒素酸化物沈着の臨界負荷量を求める。RAINS-ASIA では，アジア地域の 1°×1° のグリッドごとの $CL_{max}(S)$ が計算されている。対象とするグリッドの生態系のうち 25% がダメージを受ける（すなわち 75% の生態系は保護される）$CL_{max}(S)$ の 25% 値を使用する。(1)式の f_{de} と(2)式の Nu + Ni を決めなければならないが，それぞれ土壌分類データと植生分類データの最も頻度の高い値を 1°×1° のグリッドごとに求めて用いることにする。

(2) アジア域の植生データの取り込みと Nu + Ni の決定

アメリカ地質調査所（USGS）では，1 km×1 km の解像度で世界の植生デジタルデータ（GLCC）がいくつか用意されている。これらのうち最も区分の単純な "Vegetation Lifeforms" を使用して，各グリッドにおける植生区分の最頻値を求め，その区分に従って，(2)式の Nu+Ni を求める。

USGS GLCC の Web サイト[9]から，最新バージョン（執筆当時）である GLCC-version 2 の "Eurasia" と "Australia Pacific" をダウンロードする。データは，Lambert Azimuthal Equal Area Projection（Optimized for Asia）の "Vegetation Lifeforms" を使用した[10]。

```
nrows     12000
ncols     13000
nbands    1
nbits     8
layout    bsq
skipbytes 0
ulxmap    -8000000
ulymap    6500000
xdim      1000
ydim      1000
```

図 7.4　earun2.hdr（Eurasia）

```
nrows     8000
ncols     9300
nbands    1
nbits     8
layout    bsq
skipbytes 0
ulxmap    -5000000
ulymap    4054109
xdim      1000
ydim      1000
```

図 7.5　aprun2.hdr（Australia Pacific）

まず解凍したファイルの拡張子を bsq にする（Eurasia の場合は "earun2.bsq"，Australia Pacific の場合は "aprun2.bsq"）。以下の内容のテキストファイルを作成し，拡張子を hdr としたものを，前述の解凍ファイルと同じフォルダ内に用意する（図 7.4，7.5）。

そのまま ArcMap で bsq ファイルを開けば表示できるが，座標系が定義されていないので，bsq ファイルに座標系情報を加えることが必要である。

ArcCatarog で bsq ファイルのプロパティを開き，空間参照＞編集をクリックすると空間参照プロパティが表示されるので，新規作成＞新規投影座標系 を選択し，次のように設定する。

投影名前："Lambert_Azimuthal_Equal"，False-Easting：0.0，False-Northing：0.0，Central_Meridian：100.0，Latitude_Of_Origin：45.0，距離単位：Meter

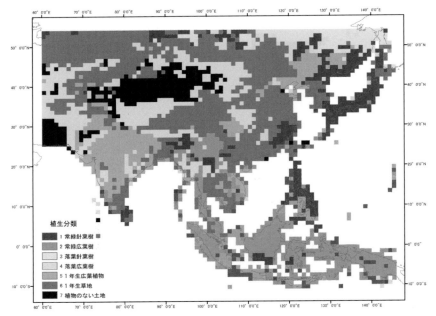

図7.6 アジアの植生分類（USGS_GLCC）（口絵参照）

次に，地理座標系の新規設定をクリックし，次のように設定する。

楕円体 名前：<custom>，赤道半径：6370997.0，極半径：6370997.0，角度単位 名前：degree，本初子午線 名前：Greenwich

以上の設定をして，ArcMapで開き，プロパティ＞シンボル＞個別値 で，適当な色の指定の設定を行えば表示できる。

Vegetation Lifeforms（VL）の植生等の区分分類コード[11]のうち，ここでは1～7までの区分のみを使用して，各グリッドのVLの値の最頻値を計算する。各グリッドの陸地のVLの最頻値が海またはデータがない部分に左右されないよう，次の操作を行っておく。

ArcToolboxのSpatial Analystツール＞再分類＞再分類で，0（データ無）と8（海）を"Nodata"に再分類しておく。ArcToolboxのSpatial Analystツール＞ゾーン＞ゾーン統計で次のように設定し，最頻値の計算を行う。

入力ラスタ又はフィーチャーゾーンデータ：Meshのポリゴンデータ，ゾーンフィールド：Mesh-ID，入力値ラスタ：上記で作成したearun2とaprun2の各ラスタデータ，統計情報：Majority（最頻値）

ここで，各グリッドの最頻値は"majority"に格納される。得られた最頻値をそのグリッドのVLとして，(2)式のNu+Niの値を次のようにする[12]。

Nu+Ni=871.0 (VL=1), 2477.4 (VL=2), 672.8 (VL=3), 1842.0 (VL=4), 142.8 (VL=5,6,7) (eq/ha/yr)　ただし，VL=5,6,7ではNu=0

上記で作成されたラスタデータの項目"value"とMeshの"ID"とでテーブル結合を行う。さらに，後の作業のために，データのエクスポートを行い，適当なファイル名を付けて保存しておく。

このファイルを図示したのが図7.6である。この図から，日本では常緑針葉樹が主な植生であるが，インドネシア，マレーシアなどの東南アジアでは常緑広葉樹が主な植生であること，中国ではさまざまな植生が見られるが，1年生草地がかなりの面積を占めていることなどがわかる。

(3) FAO-Soilmap からアジア域の土壌データの利用

i) ArcGIS への取り込み

前掲の（1）式の f_{de} を決定するために，国連食糧農業機関（FAO）の The Digital Soil Map of the World（DSMW）[13] を利用して，グリッドごとに最も面積の大きい土壌の型をそのグリッドの土壌型とするための算出を次のように行う。

DSMW にはいくつかの形式で作成されたファイルがあるが，シェープファイルとしてそのまま使えるのが便利なことから，ここでは ArcView 3.0 の Project file 形式で作成されたファイルから変換を行う。

CD-ROM の "Project" フォルダには ArcView 3.0 の Project 形式のデータがあるが，ArcInfo9.2 では Project ファイル（DSMW.apr）を直接開くことができない[14]。個々のカバレッジは開けるので，対象とするアジア地域をカバーする5つのカバレッジ（"cenasll"，"fescntll"，"nescntll"，"seaseastl"，"sibcntl"）に空間座標を定義する（ArcCatalog プロパティ＞投影＞設定＞座標系 を対話的に定義，投影法：Geographic，単位：DD，測地規準：WGS_1984）ことで，地理座標系は経緯度で設定される[15]。

Arcview 3.0 ではトポロジが厳密に設定されていなくてもよかったため，上記の各カバレッジのトポロジは ArcInfo 9.2 上では正しく設定されていない。このため，次の手順でジオメトリの修正が必要である[16]。

① 各カバレッジを ArcCatalog で開き，ポリゴンをシェープファイルにエクスポートする。

② データ管理ツール＞フューチャー＞ジオメトリのチェック でエラーのチェックを行う（"cenasll" 以外のシェープファイルで "incorrect ring ordering" のエラーが出る）。

③ エラーがあったシェープファイルを，データ管理ツール＞フューチャー＞ジオメトリの修正 でエラーの自動修正を行う。

ii) グリッド毎の最頻値の導出

対象外のポリゴンを除外するために，ArcToolbox の解析ツール＞抽出＞クリップ で Mesh 領域外の部分を削る。次に，ArcToolbox の解析ツール＞オーバーレイ＞アイデンティティ で，クリップを行ったシェープファイルをグリッドごとに切り出す。これで，出力されたシェープファイルに Mesh の情報が加えられる。データ管理ツール＞一般＞マージ で，上記の5つのファイルを1つに統合し，Mesh とマージを行ったファイルの ID でテーブル結合を行う。

ArcToolbox のフィールドの追加で面積用のフィールドを追加し，ArcToolbox の空間統計ツール＞ユーティリティ＞面積の計算 で，各ポリゴンの面積を計算する。

各グリッドの土壌型別のコードとなるコード（ユニークコード）用のフィールドを，データ管理ツール＞フィールド＞フィールドの追加 で追加する（text 形式，50文字）。属性テーブルを開き，フィールド演算で，"ID"&"-"&"Domsoi"[17] をユニークコードに入力する。ArcToolbox の解析ツール＞統計＞要約統計量 でユニークコードごとの面積の集計を行う（データベース①）。

さらに，ArcToolbox のフィールドの追加で，Mesh のコード用フィールドを追加する（"MeshID"）。フィールド演算で，ユニークコードの右3文字を削除して，整数型の MeshID コードだけにする（Int (Left8 [Unique_], Len ([Unique_])-3)）。ArcToolbox の解析ツール＞統計＞要約統計量 で，MeshID コードの面積の最大値を求める（データベース②）。

作成されたデータベース①と②に，ArcToolbox のフィールドの追加で結合用フィールドを作成し，フィールド演算で MeshID コードとデータベース①と②の面積の各フィールドを組み合わせたコード（"MeshID"&"-"&"(面

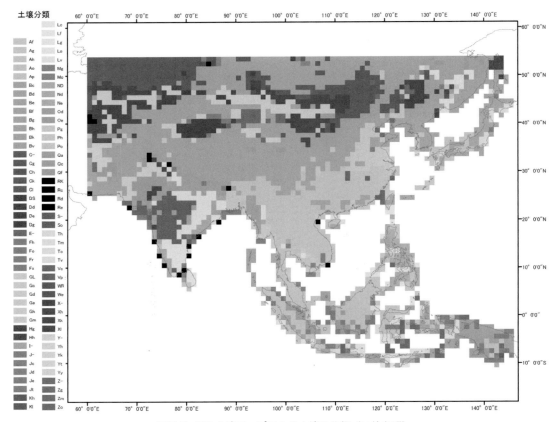

図 7.7 FAO 土壌マップによる土壌の分類（口絵参照）

積のフィールド)"）を入力する．データベース②から結合用フィールドを用いてこの2つのデータベースを結合し[18]，属性テーブルを開いてエクスポートを行う．フィールドの追加から，土壌コード用のフィールドを作成し，フィールド演算でユニークコードから右2文字を入力する（Right ([Unique_],2)）．これで，各 MeshID コードで最大の面積を持つポリゴンが判定された．

このファイルと Mesh とで，MeshID コードでテーブル結合を行う（高度な設定は「すべて」）．テーブル結合した Mesh のファイルは，データのエクスポートで別名保存しておく．

この結果を表示したものが図 7.7 である．ここでは，土壌の最上位の分類型だけで色分けを行っている．この図によると，北日本ではリソゾル（I），西日本ではアクリソル（A）での分類

が多くなっており，中国の南部から東南アジアにかけてもアクリソルが多いが，中国の北部はリソゾルに加えてグレイソル（G）やカスタノゼム（K）などのさまざまな土壌型が混在している．インド近辺はヴァーティソル（V）やルビソル（L）などの土壌型が混在している．

ここで，次の表のように，f_{de} について，グレイソルやルビソルなどの湿潤な種類の土壌については 0.5，そうでないアクリソル，リソゾルなどの土壌については 0.1 とする[19]．

土壌型分類別の脱窒率（f_{de}）

f_{de}	DSMW のシンボル
0.5	C, D, E, F, G, H, J, K, L, M, O, P, W
0.1	A, B, I, N, Q, R, S, T, U, V, X, Y, Z

注）それぞれのシンボルに対応する土壌型については DSMW 参照．

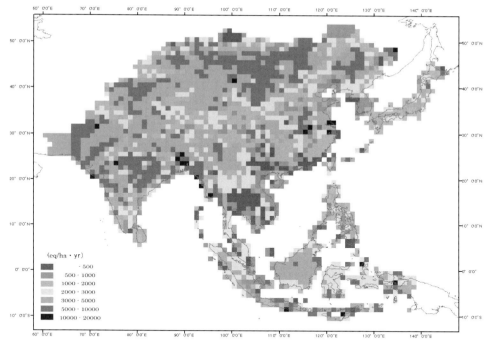

図 7.8 窒素（N）の臨界負荷量マップ（口絵参照）

（4）窒素の臨界負荷量（$CL_{max}N$）の計算

上記のように，各グリッドごとに Nu+Ni および f_{de} の値を計算した。(1)式により，各グリッドごとの$CL_{max}(N)$が計算できる。実際には，それぞれの属性テーブル（dBASE IV）の値をエクセルを使用して，関連付けて計算を行う。結果を示した図 7.8 によると，中国南東部，インドシナ半島，マレー半島などに，臨界負荷量が小さい，すなわち窒素の沈着に対して感受性が高い地域が存在することがわかる。

（5）臨界負荷量を超えた窒素（N）の沈着量の計算

グリッドごとの N の沈着量が N の臨界負荷量を超えていれば，生態系に影響が出ることになる。エクセルで計算[20]した結果をマップに表示させたものが図 7.9 である。中国東部沿岸，朝鮮半島，東南アジアの一部に，N の沈着量が臨界負荷量を超過している部分が存在する。計算では先に説明したように 25％値の臨界負荷量を使用した。したがって，この結果は，超過している各グリッドの 25％の生態系がダメージを受けることを表している。

7.4 大気汚染物質の排出量を削減する方法とその効果及び費用

上記の結果を利用して対策を行った場合の効果を見るために，すべての地域（国）で一律 50％の排出量削減をした場合の結果を図 7.10 に示す。この図では，N の沈着量が臨界負荷量を超過しているグリッド数が減っていることと，超過しているグリッドでも超過量が少なくなっているのがわかる。

RAINS-ASIA に先立って，IIASA で開発された RAINS[21] は，欧州における排出量削減を規定する各議定書の締結において，その政策内容に対して科学的根拠を与える重要な役割を果たしてきた。アジアでは，硫黄酸化物に関するモデルである RAINS-ASIA が開発されたが，窒素酸化物に関しては筆者らが研究提案を行って

98　第Ⅱ部　環境GIS

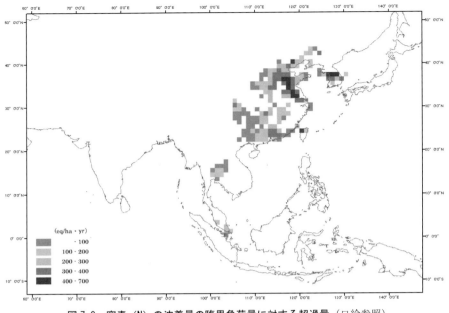

図7.9　窒素（N）の沈着量の臨界負荷量に対する超過量（口絵参照）

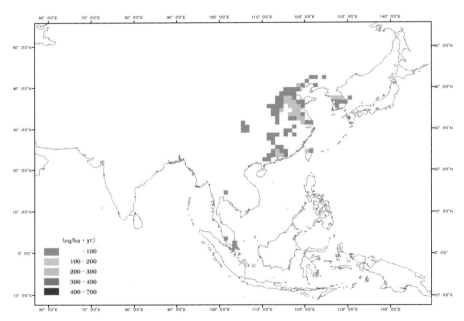

図7.10　NO_x排出量を半減した場合の，窒素（N）の沈着量の臨界負荷量に対する超過量（口絵参照）

いる[22]。

　このモデルによる費用関数を用いて，排出量の33％及び50％を削減するための費用を推計し，各国別の費用を示したものが図7.11である。この図から，アジアでは国ごとに排出量が異なるだけでなく，その削減費用も大きく異なること

がわかる。

　アジアにおいては，今後越境大気汚染問題がますます深刻化すると予想されているが，地球温暖化問題と同じく，一部の国だけの取り組みでは解決はできない。関係する地域のすべての国々が協力して有効な政策を推進するために

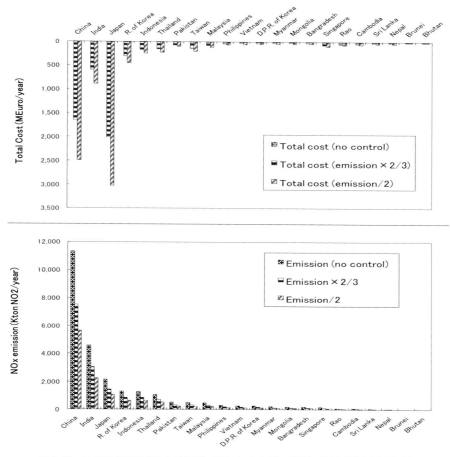

図 7.11　アジア各国の NO_x の排出量（下）とその 50%削減に要する削減費用（上）

は，問題の共通の理解と解決方法への同意が必要とされる。対策の費用と効果に科学的根拠を与えるツールとして，統合アセスメントモデルの開発・利用が期待される。

［謝辞］アイオワ大学の Gregory R. Carmichael 教授，ウィスコンシン大学の Tracey Holloway 教授からはそれぞれ CGRER 発生源インベントリデータと ATMOS-N の計算結果を提供いただいた。農業環境変動研究センターの林健太郎ユニット長からは臨界負荷量について，中央グループ（株）からは ArcGIS の機能について重要な示唆をいただいた。首都大学東京の伊藤史子教授からは多くの貴重なコメントをいただいた。なお，本章の研究は平成 18 年度住友財団環境研究助成金の交付を受けている。

注
1) http://www.eanet.asia/jpn/index.html（閲覧日 2018 年 5 月 17 日）
2) 解析実施当時から名称が変更になっている。
3) 現在は次のサイトで 2006 年の発生源インベントリ (INTEX-B) が公開されている。
http://bio.cger.uiowa.edu/EMISSION_DATA_new/data/intex-b_emissions/（閲覧日 2018 年 5 月 17 日）
4) https://cger.uiowa.edu/projects/emission-data（閲覧日 2018 年 5 月 17 日）
5) ArcGIS Desktop10 では基本機能として実装されている。
6) 参考文献 (Holloway et al., 2002) を参照。
7) RAINS-ASIA は，IIASA（国際応用システム解析研究所）が開発した，硫黄酸化物の排出・輸送及び沈着による酸性雨の生態系への影響と，その対策として二酸化硫黄の排出削減費用を解析するアジアの統合アセスメントモデルである。RAINS-ASIA（バージョン 7.5）の CD-ROM は，次の IIASA のサイトから購入可能である（EURO 50）。

8) 参考文献（Posh et al., 1995）による。
9) https://lta.cr.usgs.gov/GLCC（閲覧日 2018 年 5 月 17 日）
10) 以下の方法は，GLCC の FAQ の解説である。
11) 1：常緑針葉樹，2：常緑広葉樹，3：落葉針葉樹，4：落葉広葉樹，5：1 年生広葉植物，6：1 年生草地，7：植物のない土地，8：水
12) 参考文献（Sindo et al., 2000）等を参考に決定。
13) 筆者は CD-ROM 版（2003 年）を使用したが，FAO の次のサイトから ArcGIS（10）用のデータがダウンロードできる（ESRI shapefile format）。この場合，i）の手順は不要で ii）から行えばよい。
http://www.fao.org/geonetwork/srv/en/metadata.show?id=14116（閲覧日 2018 年 5 月 17 日）
14) ArcGIS の説明書によると開けることになっているが，筆者がやってもうまくいかなかった。
15) この際，リンクツリーの各フォルダ名にスペースが含まれているとエラー表示が出るので，スペースを含まないリンクフォルダ上で作業を行う必要がある。
16) 修正を行わないと，後の作業のクリップでエラーが出る。
17) 主な土壌の型が入っているフィールド。1 文字と 2 文字のコードが混在しているので，この作業の前に，エクセルを用いて 1 文字のコードを 2 文字に変換しておく(たとえば C → C-)。
18) データベース②ではユニークコードが消失しているのでこれで復活させる。
19) 参考文献（林ほか，2003）等を参考に決定した。
20) この各グリッドの計算は ArcGIS 上でもできるが，一般的に表計算はエクセルなどの表計算ソフト上で行ったほうが簡単で早い。
21) 長距離越境大気汚染条約（CLRTAP）のもとで，欧州の各国が酸性雨等の越境大気汚染問題に対処するために，欧州の生態系への影響評価及び原因となっている二酸化硫黄，窒素酸化物等の排出削減量を各国別に決めるためのツールである統合アセスメントモデル。http://www.iiasa.ac.at/web/home/about/achievements/scientificachievementsandpolicyimpact/cleaningeuropeair/The-RAINS-Model.en.html（閲覧日 2018 年 5 月 17 日）
22) 参考文献（Yamashita et al., 2007）参照。なお IIASA では，現在，温室効果ガス削減との共便益を取り入れた GAINS モデル(アジア，欧州)が開発され，公開されている。http://www.iiasa.ac.at/web/home/research/researchPrograms/air/GAINS.html（閲覧日 2018 年 5 月 17 日）

参考文献

大喜多敏一監修（1996）新版 酸性雨－複合作用と生態系に与える影響－．博友社．

環境庁地球環境部編（1997）酸性雨－地球環境の行方－．中央法規出版．

林 健太郎・岡崎正規（2003）酸性沈着による森林衰退の可能性に関する地域スクリーニング手法の開発－ BC/Al 比を指標とした南関東におけるケーススタディ．環境科学会誌，16(5)，pp. 377-391.

山下 研（2008）アジアの窒素酸化物排出削減の費用関数の推定と国際協調による削減対策の考察．現代社会文化研究，43，pp.89-106.

山下 研・伊藤史子（2009）アジア地域における窒素酸化物の排出による酸性雨の生態系への影響．GIS-理論と応用，17(1)，pp.43-52.

Alcamo, J., Shaw, R. and Hordijk, L.（1990）*The RAINS Model of Acidification: Science and Strategies in Europe*. Dortrecht/Boston/London: Kluwer Academic Publishers.

Downing, R.J., Ramankutty, R. and Shah, J.J.（1997）*RAINS-ASIA: an assessment model for acid deposition in ASIA*. The World Bank, Washington, pp.1-67.

FAO/UNESCO（2003）*Digital Soil Map of the World and Derived Soil Properties*. CD-ROM.

Hettelingh, J.-P., Sverdrup, H. and Zhao, D.（1995）Deriving Critical Loads for ASIA. *Water, Air and Soil Pollution*, 85, pp.2565-2570.

Holloway, T., Levy II, H. and Carmichael, G.（2002）Transfer of reactive nitrogen in ASIA: development and evaluation of a source-receptor model. *Atmospheric Environment*, 36, pp.4251-4264.

Posch, M., De Vries, W. and Hettelingh, J.-P.（1995）Critical Loads of Sulfur and Nitrogen. In Posch, M., De Smet, P.A.M., Hettelingh, J.-P. and Downing, R.J. (Eds.), *Calculation and Mapping of Critical Loads in Europe, Status Report 1995*, Coodination Center for Effects (RIVM) Bilthoven, The Netherlands, pp. 31-41.

Running, S.W., Loveland, T.R. and Pierce, L.L.（1994）A Vegetation Classification Logic Based on Remote Sensing for Use in Global Biogeochemical Models. *Ambio*, 23(1), pp.77-81.

Shindo, J., Hettelingh, J.-P.（eds.）（2000）*IMPACT Module, RAINS-ASIA Phase II Workshop, Tsukuba, 2000*.

Yamashita, K., Ito, F., Kameda, K., Holloway, T. and Johnston, M.P.（2007）*Cost-effectiveness analysis of reducing the emission of nitrogen oxides in ASIA. Water, Air and Soil Pollution: Focus*. Dordrecht: Springer. (pp. 357-369.)

Woo, J.H., Streets, D.G., Carmichael, G.R., Dorwart, J., Thongboonchoo, N., Guttikunda, S. and Tang, Y.（2002）Development of the Emission Inventory System for supporting TRACE-P and ACE-ASIA field experiments. *Air Pollution Modelling and Its Application* XV, pp.527-528.

8 油汚染による海岸の環境脆弱性を示す情報図

濱田誠一・沢野伸浩

8.1 はじめに

万一海上で油流出事故が発生した場合，可能な限り洋上において防除活動を終結させることが理想的である。しかし，油流出事故は暴浪時などの海上が荒れた際に発生しやすく，海上での防除活動や漂流油の位置の把握さえも困難となるケースが多い。このため流出油が沿岸に漂着することを前提とした事前対策が求められる。

このひとつとして，油の漂着に対する環境的な脆弱性を，海岸の地形や生物資源，人の利用する施設の分布をもとに示したESIマップ（Environmental Sensitivity Index map：環境脆弱性指標地図）と呼ばれる情報図が米国をはじめとする世界各地で作成されている。本章ではGISを活用してこの情報図を作成する方法を紹介する。

8.2 ESIマップの目的と整備状況

ESIマップは，流出油が沿岸に接近・漂着した際に油汚染の影響を大きく受ける海岸線・生物資源・社会施設の所在位置や緊急時の連絡手段などに関する情報を網羅した情報図である。この情報図を用いて油汚染の被害の受け方やそのための準備・対応の内容を被災前に迅速に検討し，事故前の防除計画を具体化し，効率的で正確な知識に基づく合理的な対応を行うことにより，沿岸部における油汚染被害を最小限に抑制することを目的としている。

Gundlach and Hayes（1978）は，1970年代に発生した大規模油流出事故における海岸の油残留調査の結果から，「海岸に漂着した油の除去作業の難易度は，海岸の形態に大きく影響される」ことを示した。すなわち，油汚染の影響の受けやすさに応じて10種に分類した海岸形態をVulnerability Index（VI）として示し，海岸線の油に対する脆弱性をランクづけして地図上に表す手法を発表した。この手法を用いた試作図が1979年にテキサス州沿岸域を対象として作成され，同年，メキシコ湾内で発生した油田の暴噴事故による大規模油汚染事故の際に，広くその有効性が認識された。現在では，米国のNOAA（National Oceanic and Atmospheric Administration：海洋大気庁）によってESIマップ作成のガイドラインが整備・公開され，このガイドラインに基づく情報図が全米において整備されている（図8.1）。

ESIマップの大きな特徴は，地形に基づいて10種に分類された各海岸線について，油の残留特性及び推奨される防除方法が「油汚染事故対策マニュアル（Shoreline Countermaesures Manual）」に示されている事である。このマニュアルは，「どこの海岸が脆弱化か」のみならず，「どのように対処すべきか？」を示しており，このマニュアルもNOAAのウェブサイトで公開されている。NOAAのESIマップに使用されている海岸形態のランク分類や対応マニュアル

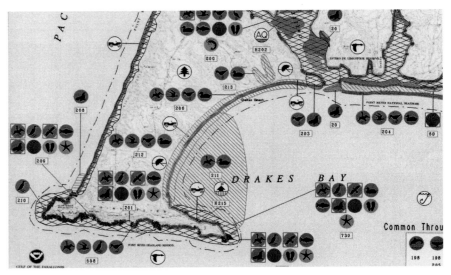

図 8.1　米国 NOAA の ESI マップ

は，統一した規格として整備・公開されており，大規模油流出事故に対して組織的・継続的な対応活動を行う際にきわめて合理的である。

わが国においては，1997 年 1 月のナホトカ号重油流出事故により，日本海沿岸の 9 府県にまたがる広範囲に流出油が漂着した。流出した C 重油（8,600 キロリットル）の約 87 ％が回収されずに沿岸に漂着したと考えられたことから（佐尾ほか，1998），ESI マップを日本でも整備しそれと連動した具体的な防災計画を作成する必要性が示された。

1997 年 12 月に改正閣議決定された「油汚染事件への準備及び対応のための国家的な緊急時計画」では，関係機関に情報図整備が要請された。関係省庁では所管する目的に応じて情報図の整備を進め，環境省では「脆弱沿岸海域図」，水産庁では「漁業影響情報図」，海上保安庁では「Ceis Atlas」がいずれも GIS を用いて整備された。

北海道沿岸ではサハリンにおける油田開発が活発化する中，油汚染事故への危惧が高まっている（村上，2000）。北海道立地質研究所（現北海道立総合研究機構地質研究所，以下道総研地質研究所）は，1999 年から NOAA のガイドラインに基づく海岸調査をベースにした海岸情報図の整備を進め，試作図（図 8.2）の作成や GIS ベースの全道の情報図を整備した。2001 年には海上保安庁海洋情報部が NOAA の ESI マップガイドラインをベースに全国の海岸情報図を整備し，現在 WebGIS を用いた「Ceis Net」をウェブサイトで公開している。北海道の海岸について，北海道立地質研究所（現 道総研地質研究所）は，海上保安庁に情報提供を行うとともに連携した調査を実施した。

8.3　ESI マップに示される情報

NOAA の ESI マップは，世界の油汚染対策情報図の標準形式であり，① Shoreline habitats（海岸地形情報），② Sensitive biological resources（生物資源情報），③ Human-use features（社会施設情報）の 3 要素の情報が，マークや色で簡潔に表現され，油の漂着を避けるべき場所や，対応活動の方針を決めるための情報として示されている（Halls et al., 1997）。

①の Shoreline habitats（海岸地形情報）は，断崖や砂浜・礫浜など海岸形態の違いを 10 種の分類で示すものである（図 8.3）。海岸に漂着した油の「挙動・残留特性」や「防除活動の難

8 油汚染による海岸の環境脆弱性を示す情報図　103

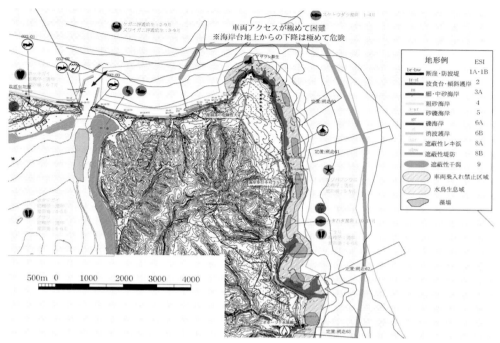

図 8.2　北海道立地質研究所（現 道総研地質研究所）が作成した試作 ESI マップ（表カバー参照）

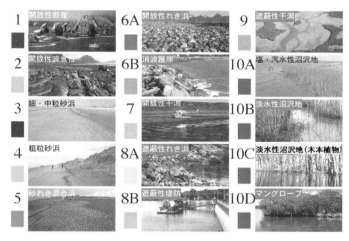

図 8.3　海岸形態の分類（米国 NOAA）（表カバー参照）

易度」「適切な防除活動方法」は，海岸地形や堆積環境などの海岸形態により異なるため，海岸形態に応じて 10 ランクに分類された各ランクの海岸線をカラーの線で ESI マップ上に表示している。

例えば ESI = 1（断崖等）の海岸は，油が漂着しても波浪等の自然作用により長期的には残留しにくく，除去作業の必要性は低いと考えられる海岸である。一方，ESI = 10（湿地等）は，一度そこに油が漂着すると，油除去作業が最も困難な海岸形態であると考えられ，油の漂着を最優先に防ぐべき海岸と考えられている。各 1 〜 10 ランクは必要に応じて A 〜 D に細分される。

②の Sensitive biological resources（生物資源情報）は，油汚染の影響を受ける動植物の生息

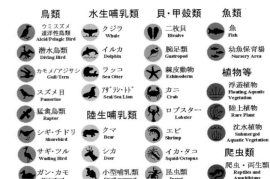

図8.4 生物資源情報

図8.5 社会施設情報

位置を示し，対応作業方法を考慮するための判断材料とされる．魚・エビ・カニや水鳥，哺乳類，藻場，陸上植物など，油汚染の影響を受けることが予想される動植物の分布情報が，ESI マップ上にポリゴンまたは点として示されている．それらの位置情報とともに生物種を示すマーク（図8.4）がカラーで記され，どのような生物がいるのか，または絶滅危惧種であるのか簡潔に判読できるようになっている．

より詳細な情報を知りたい場合は，生物マークに付随するコード番号をもとに ESI マップに記載されている Seasonality Data を参照することにより，種名・絶滅の危険性・生息密度・生息月・繁殖期などの情報を知ることができる．これらの情報により，油の漂着を避けるべき個所の判断や，分散剤の使用など防除方法を判断する際に考慮すべき環境情報を迅速に把握することが可能である．

水鳥や水生哺乳類は沿岸の生態系の高次捕食者にあたるため，これらの生態状況は餌となる小動物全体の生態を間接的に反映している．このため，これら鳥や哺乳類などの高次捕食者の生態を油汚染事故被災前に記録しておくことは，事故前の海岸の生態全体の状況を間接的に評価しておくことにつながり，事故後の生態環境全体が事故前の状態に回復したか判断する際に必要不可欠な資料となる．

③の Human-use features（社会施設情報）は，発電所取水口や養殖施設など油汚染の被害を大きく受ける施設や，油防除活動に利用できる施設の位置を示す．発電所の取水口，種苗生産施設貯木場・漁業施設などは漂着油の影響を大きく受ける場所であるため，人間の社会生活を維持するために漂着を防ぐ必要性が高い場所として把握しておく必要性があり，ESI マップでは白黒の円形マークで各種情報が示されている（図8.5）．ナホトカ号事故時においても，発電所の取水口の防除の優先度は高く，防除資機材が重点的に配備されて防除が行われた．

社会施設情報には，上記のように油の影響を受けやすい施設の他にも，防除作業に利用できる情報が含まれる．たとえば，重機や車両を砂浜に進入させる際の進入路や舟揚場のスロープは，重機や船舶を使用して回収作業を進める上で重要な情報として用いられる．

8.4　GIS を用いた海岸情報図の作成方法

米国の NOAA の ESI マップをはじめ，我が国の海上保安庁，環境省，水産庁において整備された油汚染対策情報図は，いずれも GIS を用いて作成されている．GIS を用いる利点として以下のことが挙げられる．

① ポイントやライン，ポリゴンにテキスト情報や画像情報をリンクさせることが可能である．ポイントとして示す地物やラインで示す海岸線など，ポリゴンで示される干潟などのエリ

アについて，その特性情報をデータベースの形で付加し整理，運用することが可能である。

② 海岸線は絶えず変化し続けているため，将来情報内容の追加や更新が必要と考えられる。その際の作業が容易であり，コストが安い。

③ 整備した情報図を，インターネットを通じて容易かつ安価に公開できる。

④ 空中写真・衛星画像を利用しやすい。

⑤ Web を利用することでリアルタイム情報も発信できる。

ここでは，GIS をマッピングのツールとして利用した④の利点について，空中写真などを用いた情報図作成の事例を示す。

過去に撮影された空中写真とオルソ画像は以下のウェブサイトから，それぞれ入手と閲覧ができる。

・国土地理院　地図・空中写真閲覧サービス http://mapps.gsi.go.jp/maplibSearch.do#1 （閲覧日 2018 年 6 月 30 日）

・国土地理院　地理院地図 https://maps.gsi.go.jp/ （閲覧日 2018 年 6 月　30 日）

また Google Earth を利用すれば，部分的ではあるが，高解像度をもつ海外の海岸の衛星画像も入手できる。

これらの JPEG 形式の画像を GIS に取り込むことで海岸形態に関する多くの情報を得ることができる。オルソ化していない空中写真画像の場合，地物の標高による位置のずれが生じ，GIS ソフトの機能にあるアフィン変換のみを用いた幾何補正では，完全に地図と画像を一致させることはできない。しかし，海岸線付近の高度の地物を対象に幾何補正を行うことで，海岸線付近の地物は地形図と一致する画像を得ることができる。空中写真を用いて地形図では得られない詳細な情報を写真から読み取り，海岸形態を示すラインやポリゴンを作成することが可能である。

北海道立地質研究所（現 道総研地質研究所）における海岸情報図の作成には，北海道庁建設部における海岸管理セクションから，最近の空中写真画像（1 万分の 1 程度）を借用し，スキャナーを用いて画像を TIFF 形式のファイルとして GIS に取り込み，これを写真判読に使用した。さらに高度 250 ～ 300 m を飛行する北海道防災消防課の防災ヘリ（はまなす 1 号）から連続的に撮影した沿岸の写真資料（斜め写真）を判読し，詳細に海岸形態の判読を行った（図 8.6）。

これにより，①地形図に示されていない新たな海岸の建設物，②詳細な海岸形態の判別，③海岸への車両アクセスの条件，④海岸周辺の施設などの情報を，現地調査前に判読して収集することができた。これらの情報図をプリントアウトし，現地調査においてさらに詳細な堆積物や海岸断面地形などの情報の追加を行った。これらをもとにした海岸線情報図は PDF 形式の「北海道海岸環境情報図」として道総研地質研究所のサイトで公開されており，自由にダウンロードできる。

これに類似した方法により，海外の海岸線についても GIS を用いて海岸線情報図を作成することが可能である。図 8.7 は，Google Earth からダウンロードした高解像度の画像を，GIS 上に示した緯度経度線のグリットに合わせて取り込み，ESI マップ作成のための海岸情報としたものである。

8.3　海岸形態の分類

ESI マップに示される 10 ランクの海岸形態とそれらの特性の概要は以下の通りである。

ESI = 1A：開放性（波が常にあたる）海域の崖の海岸。傾斜角 30 度以上の急傾斜な海食崖などで，油が浸透しにくい地質で形成され，波の影響を頻繁に受ける。

ESI＝1B：開放性海域の，頑丈な人工構造物。1A と同様，油がしみ込みにくい基質で形成さ

図 8.6 海岸線の写真判読とマッピング（口絵参照）

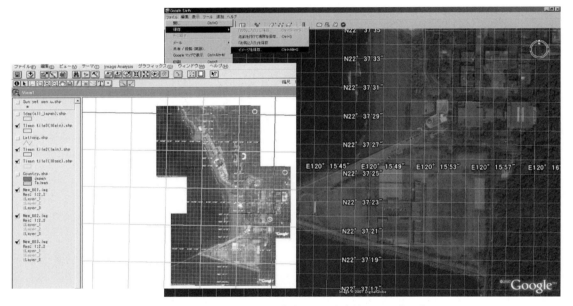

図 8.7 Google Earth の画像を用いた海岸線のマッピング

れ，波のよく当たる人工的な直立護岸など。

　ESI＝2：開放性海域の波食台。ESI＝1A と同様，波や潮汐の影響を大きく受け，油の浸透しにくい地質で形成されているが，傾斜が 30 度より緩やかであり，波が岩を洗う力や反射波の力が ESI＝1A よりも弱いため，ESI＝2 として分類する。粘土やシルトなどの浸透性のある地質で形成される波食台は ESI＝2B として区別する。

　ESI＝3：細砂から中砂（粒径 0.06 〜 1 mm）の砂浜。砂浜は海岸の傾斜が比較的緩やかなため，反射波は形成しないが，一部リップカレントという沖方向への流れを形成する。礫海岸よりも海岸の傾斜が緩く，人や車両の移動が容易であり，最もアクセスしやすい海岸地形のひとつである。

　ESI＝4：粗い砂（粒径 1 〜 2 mm）の砂浜。NOAA の ESI 分類で使用される粗砂 coarse-grained sand の定義は粒径 1 〜 2 mm の砂粒を示す。ESI＝4 は ESI＝3 より粗い砂で構成され，堆積物粒子の隙間が大きいことや，岸沖漂砂の

移動がより活発なため，漂着油が ESI = 3 より厚い砂で埋められる可能性がある。

ESI = 5：砂礫混合浜。ESI = 3 および ESI = 4 の砂質海岸と，後述する ESI = 6 の礫海岸の中間ランクとして，砂 20 % 以上と礫 20 ～ 25 % 程度以上が混合した条件の海岸を ESI = 5 として示す。礫と礫との間に空隙がある礫海岸 ESI = 6 に比べ，隙間が砂で充填されているため油が浸透しにくい。海岸の傾斜は 8 ～ 15 度とされ，波の打ち上げにより形成される汀段（バーム：berm）付近に，礫が密集していることがある。砂の割合が 40 % を超える場合，油の挙動は砂浜海岸と同様の挙動を示すと考えられている。

ESI = 6A：開放性（波が常にあたる）海域の礫海岸。中礫（径 4 ～ 64 mm）から巨礫（256 mm 以上）で構成された波のよく当たる海岸を示す。波の影響が強いほど，礫は円磨され大きさが淘汰されることが多い。海岸の地形勾配は ESI = 3 ＜ ESI = 4 ＜ ESI = 5 ＜ ESI = 6 と徐々に急になる。海岸上部に波による複数の汀段（バーム：berm）が形成される場合もある。礫と礫との間にすき間があるため，漂着油は ESI = 5 より深く浸透し（1 m 程度以下），波に打ち上げられる礫に覆われる作用も受け，油は急速に埋没するため，油の回収はより困難となる。

ESI = 6B：消波護岸，捨て石海岸。これらの海岸は ESI = 6A と比較し，ブロックや捨て石の大きさが大きく，波の遮蔽効果が高い。そのため海岸が波により洗われる部分が限定され，洗い流しの作用を受けにくい。またブロックは転動しないため，転がりながら表面が効果的に洗われる作用を受けにくい。

ESI = 7：開放性海域の干出する干潟。主に砂と泥により構成される。砂が堆積していれば，その場所に堆積物を移動させうる潮流や吹送流や波の力が存在している事を示している。干潟の陸側には，通常別のタイプの海岸線（ESI = 8，9，10）が，関連して形成される。干潟の堆積物は通常水に浸っているため，干潟表面に油が付着することは少なく油は浸透しにくい。

ESI = 8：閉鎖性（波が遮られる環境にある）海域の岩石海岸。ESI = 8B：閉鎖性海域にある頑丈な人工構造物，ESI = 8C：閉鎖性海域にある消波護岸。ESI = 6 に対して ESI = 8 は，湾奥など通常時の波や潮流のエネルギーをほとんど受けることができない環境に形成された礫や岩盤の海岸などを指す。この奥まった場所に油の漂着がおよんだ場合，自然の波の作用による洗い流し作用はほとんど期待できない。そのため放置された場合，特に高潮線に沿って油が長期間残留することが予想される。

ESI = 9：閉鎖性海域の干潟。波の影響を殆ど受けず，主に泥（シルトと粘土）が堆積する干潟を指す。ESI = 9 の陸側に ESI = 10 が形成されることが多い。干潟の水路に流れがあるものの，海からの波の影響はほとんど無い。堆積物は水分を含み非常に柔らかく，車両や人の接近は困難である。干潟には貝などの餌が豊富であり，水鳥や魚の重要な生息場所になっている。

ESI = 10A：塩水性・汽水性の草性湿地，ESI = 10B：淡水性の草性湿地，ESI = 10C：淡水性の草木性湿地，ESI = 10D：低木性湿地。潮間帯の湿地など，水際に抽水性（アシ・ヨシなど）の草本性植物群落や木本性植物群落が多数存在する環境を指す。波や潮流の力の影響をほとんど受けない閉鎖的な環境である。

ESI = 10 は，油を除去する上で最も困難とされる海岸地形である。一度このような海岸に油が漂着してしまうと，自然の力で油が洗い流されることは期待できない。また湿地などは車両や船舶の接近が困難であり，たとえ接近できたとしても，不用意な回収作業は生態を破壊し，堆積物と油を混合させて堆積物中深くに油を埋没させてしまう結果をもたらし，長期的な環境被害をもたらす危険性がある。

表 8.1 ESI 区分の比較

ESIマッピング							Hebei Spirit 号事故後の意見*	Google Earth 画像の判読**
米国 NOAA		韓国	日本	ロシア	北海道海岸環境情報図	サハリン2計画		
1A	Exposed rocky shores	1 等級	1A	1A	1010	Cliff (high energy)	①	①
1B	Exposed solid structure		1B	1B	1020			
2A	Exposed wave-cut platform	2 等級	2	2	2010			
2B	Exposed steep slope clay				2020			
3A	Fine to medium grained sand	3 等級	3A	3	3010	Beach (sand)	②	②
3B	Steep slopes in sand		3B		3020			
4	Coarse-grained sand	4 等級	4	4	4010			
5A	Mixed sand and gravel	5 等級	5	5	5010	Beach (sandy gravel)		③
5B	Mixed sand and gravel				5020			
6A	Gravel beach	6 等級	6A	6A	6010		③	④
6B	Riprap	6B 等級	6B	6B	6020			⑤
7	Exposed tidal flat	8A 等級	7	7	7010	Flat (sand)		⑥
8A	Sheltered scarp	7 等級	8A	8A	8010	Cliff (low energy)		⑦
8B	Sheltered structure		8B	8B	8020			⑧
8C	Sheltered Riprap		8C	8A	8030			
8D	Sheltered rubble shore				8040		④	⑨
9A	Sheltered tidal flat	8A 等級	9A	9	9010	Flat (mud)		⑩
9B	Vegetated low bank		9B		9020	Overwash		
10A	Salt-brackish marsh	8B 等級	10A	10A	10010	Marsh		⑪
10B	Freshwater marsh		10B	10B				
10C	Swamps		10C	10C				
10D	scrub-shrub wetland		10D	10D				

* 韓国の Hebei Spirit 号事故後の対応現場で聞かれた意見　　** Google Earth 高解像度画像で判読可能な海岸の分類

　これらの分類はほぼワールドスタンダードになりつつあるが，国において該当する海岸線が無い場合があり，区分が若干異なるケースも見られる（表8.1）．油防除の専門家からは，これらの海岸の分類は詳細であるほど良いということはなく，「詳細な海岸分類はかえって事故対応の現場を混乱しかねない」という意見も聞かれる．

　2007年12月に韓国で発生した Hebei Spirit 号の油流出事故では1万キロリットル以上が流れ出し，韓国史上空前の油流出事故となった．この事故対応現場における聞き取り調査では，海岸の分類は，①基盤岩の露出する海岸，②砂―砂礫の海岸，③油が浸透埋没しやすい円礫の海岸，④波浪は弱いが礫の堆積する層が薄い角礫の海岸，の4種の分類で十分であるという意見もあった．このようなシンプルな海岸の分類であれば，Google Earth から得られる高解像度を用いた画像判読で十分に分類とマッピングが可能である（表8.1右端）．

8.4　海岸の評価方法
－特に礫海岸の評価方法について－

　1997年1月のナホトカ号重油流出事故からすでに20年以上が経過するが，現在も海岸によっては漂着油が残留している．特に礫の海岸は防除活動が危険であり，油の回収作業も困難であったため，漂着油が残された海岸も多かった．礫浜の中には，自然の波で容易に洗われやすい海岸と，自然には洗われにくい海岸があった．これらを事前に評価することができれば，より効率的な油防除が可能となる．

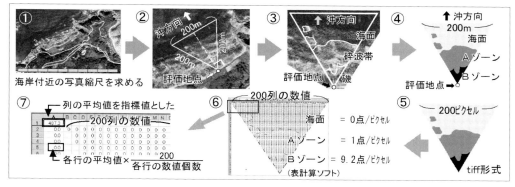

図8.8 空中写真判読による波浪の遮蔽作用に関する砕波帯の地形の評価

礫浜の油残留特性の評価には，海岸の礫のサイズ，波浪環境，波浪露出度，礫の円磨度，バーム（汀段）の有無，礫のインブリケーション（水流による傾斜の傾向）の有無などが有用な指標になる（Hayes，2001）。ナホトカ号事故後においては，特に海岸の礫の丸みの指標値と油の残留年数に関連性が見られた（濱田・沢野，2007）。また，GISを用いて空中写真から礫浜の砕波帯の分布を判読して得られた指標値と油残留年数に相関が見られた（図8.8）（濱田ほか，2008）。礫浜に波浪が打ち上がった痕跡として残る「後浜上限高度」と漂着油の残留年数に相関が見られ，これらはいずれも海岸に打ち寄せる波浪の強弱が油の残留特性と密接に関連していることを示している。

GISを活用したこれらの海岸評価方法が海岸特性の理解や効率的な油防除活動に活用されることが期待される。

参考文献

海上災害防止センター（2002）海上防災 事故事例集（特集号）．

佐尾邦久・佐尾和子・沢野伸浩・在田正義・青海忠久・中原紘之・馬場国敏・浦 環（1998）重油汚染・明日のために．海洋工学研究所．

日本海難防止協会（1999）沿岸域環境保全リスク情報マップ整備調査研究事業報告書．

濱田誠一（2001）海岸断面における漂着重油の残留位置．北海道立地質研究所報告，72，pp.73-84．

濱田誠一・沢野伸浩（2007）漂着油残留年数と海岸の礫形の関連性－ナホトカ号事故事例より－．環境情報科学論文集，21，pp.13-18．

濱田誠一・沢野伸浩・後藤真太郎（2008）ナホトカ号漂着油の残留年数と礫浜の砕波帯地形との関連．沿岸域学会誌，20(4)，pp.83-88．

村上 隆（2000）サハリン大陸棚における石油・天然ガスの開発と環境．北方海域技術研究会報告（北海道技術士センター），1．

Halls, J., Michel, J., Zengel, S., Dahlin, J. and Pertersen, J. (1997) *Environmental Sensitivity Index Guidelines Version 2.0*, NOAA Technical Memorandum NOS ORCA 115.

Hayes, M. O. and Michel, J. (2001) A primer for response to oil spills on gravel beaches. *Proceedings of the 2001 International Oil Spill Conference*, pp.1275-1279.

9 九州における再造林放棄地の実態把握

村上拓彦

9.1 再造林放棄地プロジェクトの概要

近年，人工林の伐採後に再造林されない「再造林放棄地」が，九州各県をはじめ全国に急速に拡がりつつある。九州ではスギ人工林資源の豊かな大分県や熊本県，宮崎県においてその傾向が顕著であり，大分県では伐採された人工林面積の約25％で再造林が放棄されていた（大分県による1998年度報告）。このような放棄地の拡大により，人工林の減少による森林資源の減少（森林資源問題）と，再造林の放棄による水土保全機能や土砂流出防止機能といった公益的機能の低下（水土保全機能問題）が懸念されている。

この放棄地問題は九州全域に共通する問題であるが，問題の性格上，その存在を肯定しにくく，九州全域の実態は明らかではない。先に示したように，この調査を行った県の事例では，相当数の放棄地が発生しており，単なる個別の問題から流域全体の問題となりつつある。CO_2吸収問題や循環型社会の構築において最も重要な役割を果たすと期待されている人工林を放棄する問題は，森林・林業分野だけに留まらず，もはや社会全体の問題といえる。

こうした中，先端技術を活用した農林水産研究高度化事業「九州地域の再造林放棄地の水土保全機能評価と植生再生手法の開発」（代表：九州大学吉田茂二郎教授）において，放棄地の実態把握に取り組むこととなった（吉田，2006；2009）。

本プロジェクトの目的は，①九州全域の再造林放棄地の位置，立地・環境要因の把握を行い，それに過去の植生，現植生及び周辺植生の詳細調査・関係解析を加えて，②放棄後の植生予測モデルの構築，③植生再生のための低コスト育林プロセスの開発，④水土保全機能評価・斜面崩壊予測手法の開発を行うことである。このプロジェクトで得られる成果にもとづき，九州地域の人工林資源の効率的な再生・適正化が期待されている。

9.2 リモートセンシングデータを用いた伐採地の抽出

再造林放棄地プロジェクトでは1998～2002年の5年間に生じた伐採地を対象としている。なお本プロジェクトでは，再造林放棄地を「針葉樹人工林において伐採から3年以上経過し，再造林されていない林地」と定義している。

このプロジェクトでは，まず放棄地の位置を把握することが重要な柱となっている。何らかの方法で放棄地が簡単に把握できればいいが，さすがにそのような都合のいい方法は存在しない。そこでまず伐採地を抽出することにした。

複数時期のリモートセンシングデータを活用し，九州本島全域を対象として特定期間の伐採地を抽出し，再造林の有無についてチェックする作業を行った。伐採地の抽出方法とそれらの地図化の手順は図9.1に示すとおりである。ここ

9 九州における再造林放棄地の実態把握　111

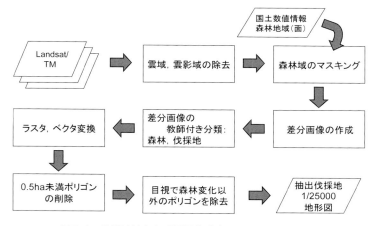

図 9.1　伐採地抽出と成果図作成までのフローチャート

では，その詳細について順を追って説明したい．

(1) リモートセンシングデータの処理

まず，リモートセンシングデータとしてLandsat5/TM およびLandsat7/ETM+ を用意した．Landsat シリーズを選定した理由として，空間分解能が30mであること，1シーンの観測幅が185kmと広いこと（同程度の空間分解能を有する他の衛星センサと比較して格段に広い），伐採地抽出に有効とされる短波長赤外域を観測波長帯に有することが挙げられる．図9.2に示すように，九州本島は3シーンのLandsatデータでおおよそカバーされる．

本プロジェクトでは，1998〜2002年の5年間に生じた伐採地を抽出するため，その期間をカバーする直近の衛星データを選定した．また，およそ中間となる2000年のデータも利用し，該当期間における伐採地の出現時期を特定できるようにした（表9.1）．Landsatデータはすべてデジタル標高モデル（DEM）を用いて地形歪み補正まで含めた幾何補正を行い，観測時期の異なるデータが互いに重なるように前処理を行った．

次に，幾何補正済みのLandsatデータにおいて，雲とその影の領域を目視で選択し，その部分のデータを除去した．これにより期首データ

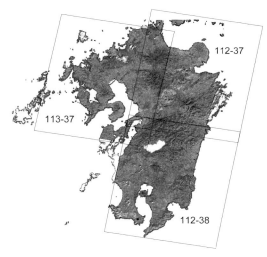

図 9.2　LANDSAT データのカバーする範囲
図中の数値はパス - ロウ

表 9.1　使用した衛星データのリスト

パス - ロウ	衛星 / センサ	データ観測日
112-37	Landsat5/TM	1997/ 4/ 1
112-37	Landsat5/TM	2000/ 1/ 4
112-37	Landsat7/ETM+	2002/11/17
112-38	Landsat5/TM	1997/ 4/ 1
112-38	Landsat5/TM	2000/ 1/ 4
112-38	Landsat7/ETM+	2002/11/17
112-37	Landsat5/TM	1997/ 4/ 5
112-37	Landsat5/TM	2000/ 9/ 7
112-37	Landsat7/ETM+	2002/11/24

もしくは期末データのいずれかで雲，雲影が存在した地点は解析対象外となった。

今回の解析は基本的に森林変化点を抽出する作業であるが，リモートセンシングデータでは森林域以外の変化点も数多く含まれる。また，農地においては土地利用としては変化がなくても，農作物の作付け時期の違いなどから見かけ上変化点として抽出されることが数多く発生する。そのため，森林域以外の変化点を事前に解析から除外しておく必要がある。ここでは国土数値情報（http://nlftp.mlit.go.jp/ksj/）から入手可能な「森林地域（面）」を利用した。このデータに添付している説明ファイルによると，1982年度時点の入力データであり，縮尺5万分の1相当の地図データからトレースされて作成されたものである（解析当時の話。現在入手可能なデータは更新されている）。

(2) 差分画像の作成と分類

雲，雲影の除去ならびに森林域のマスキングがなされたLandsatデータについて，2時期のデータを組み合わせ，差分画像を作成した。ここでは，1997年データと2000年データの組み合わせと，1997年データと2002年データの組み合わせを行った。当初は2000年データと2002年データの組み合わせを予定していたが，期首・期末データの観測季節の違いなどから良好な結果が得られず，その代わりに1997年データと2002年データの組み合わせを採用した。

差分画像に対し，教師付き分類である最尤法を適用し，伐採地（森林変化点）と森林の2クラスで分類を実行した。分類画像から伐採地のみを抽出し，二値の画像データを作成した。抽出されたすべての伐採地に対し，識別コードと面積を付与するため，ラスタ・ベクタ変換を行った。ベクタ化することにより，各抽出伐採地に対し属性データを与えることが可能となる。

(3) 抽出伐採地のチェック

リモートセンシングデータから抽出される変化点のうち，面積の小さい抽出伐採地には誤抽出が多く含まれるため，一定面積未満の抽出伐採地は削除するようにした。すべての抽出伐採地に対し面積を計算し，面積が0.5 ha未満の抽出伐採地を削除した。Landsatデータの1ピクセルのサイズは30×30 mであることから，6ピクセル（0.54 ha）未満の伐採地を削除したことになる。

最終的な出力を前に，森林変化点以外の地点が含まれていないか確認するために，目視によるチェックを行った。抽出伐採地を国土地理院発行の数値地図25000（地図画像）に重ね，明らかに森林域ではない個所に位置する抽出伐採地を削除した。さらに，先述したとおり，1997年と2000年データの組み合わせ，1997年と2002年データの組み合わせで伐採地抽出を行っているが，理論上1997〜2000年中に生じた伐採地において，両者のデータが重なることになる。実際，それは抽出伐採地においても確認された。同一個所に別個の識別コードのついた抽出伐採地が存在するのを避けるため，そのような個所では1997〜2002年データの抽出伐採地を削除した。

数値地図25000に抽出伐採地と識別コードを表示したものを大型プリンタにて印刷した。図9.3にその一例を示すように，2次メッシュ（25000分の1地形図1葉の範囲）ごとに印刷を行った。印刷した地図は各県の担当者に配付し，伐採地であるかどうか，さらに植栽済み（再造林地）であるか，放棄地であるか，1点ずつ確認作業を実施してもらった。

9.3　抽出伐採地の内訳

図9.4に示す分類フローチャートに沿って，抽出伐採地をいずれかの項目に分類した。分類項目の下に数値が示しているが，分類作業のた

9 九州における再造林放棄地の実態把握　113

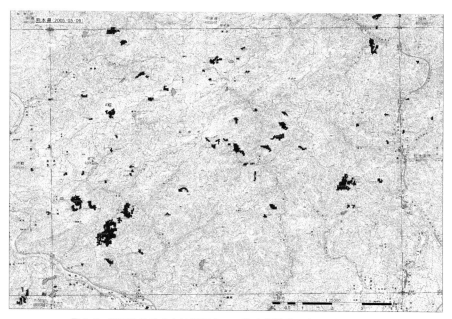

図9.3　2万5千分の1地形図上での抽出伐採地の表示（口絵参照）

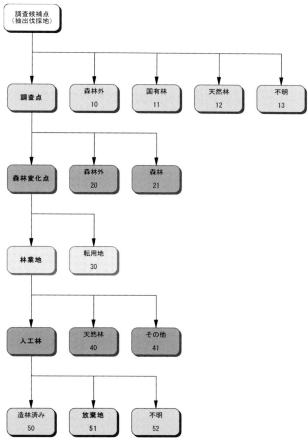

図9.4　抽出伐採地の分類フローチャート

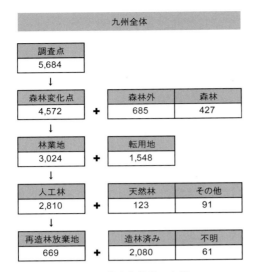

図 9.5 抽出伐採地の内訳

めの識別コードである。識別コードがない項目は，さらに下位の分類項目が存在することを意味する。

同図の最下段に造林済み（50），放棄地（51）とあるが，これが本プロジェクトで対象とする抽出伐採地である。この最下段に至る過程の中で，森林変化点を抽出し，その森林変化点を林業地と転用地に分類している。

森林変化点としての林業地はそのほとんどが人工林であるが，広葉樹やその他の変化点（崩壊地など）もわずかながら存在するのでそれらを除外した。再造林地（造林済み），放棄地に分類するまでの流れを整理すると，抽出伐採地→森林変化点→林業地→人工林となっている。

抽出伐採地の分類結果についてまとめたものが図 9.5 である。調査点となった抽出伐採地は 5,684 点であった。これには事前に森林外や国有林であることが判明した抽出伐採地は含んでいない。調査点のうち，森林変化点は 4,572 点であった。

一方，森林変化点以外の地点が森林外として 685 点，森林（変化のなかった森林）として 427 点が存在した。森林変化点以外の地点はリモートセンシングデータ解析における誤抽出で

ある。調査点に対する森林外，森林の割合はそれぞれ 12.1 %，7.5 % であった。およそ 2 割弱が誤抽出であったといえる。なお，誤抽出の原因や内訳に関する議論は村上ほか（2006a；b）に詳しい。

森林変化点 4,572 点のうち，3,024 点が林業地，1,548 点が転用地であった。点数ベースで見ると，森林変化点に対して転用地の占める割合は 33.9 % であった。

次に，林業地を人工林，天然林，その他に分類した。林業地の 93 %（2,810 / 3,024）が人工林であった。最終的に，人工林から再造林放棄地，造林済みが確定された。ここで示す数値は九州全域の合計であるが，再造林放棄地が 669 点，造林済みが 2,080 点であり，不明を除くと人工林伐採跡地のうち約 4 分の 1 が放棄地となっていたことが判明した。

9.4　再造林放棄地の分布状況

人工林伐採跡地について再造林の有無を集計した結果を図 9.6 に示す。九州全域では人工林伐採跡地のうち 24 % が放棄地であった。

しかし，放棄地の点数，割合は各県で大きく異なった。放棄地の多くは熊本，宮崎県に存在し，それぞれ 270 点，293 点の放棄地が確認された。この両県では放棄地の割合も高く，熊本，宮崎県はそれぞれ 33 %，28 % と九州全域での割合より高い数値を示した。

一方，福岡，佐賀，長崎，鹿児島県では放棄地の点数，割合ともに低い。特に，佐賀県，長崎県，鹿児島県では人工林の伐採地の点数が少なかった。これには，本プロジェクトで対象としている伐採地に 0.5 ha 未満のものを含まないことが関係しているかもしれない。つまり，これらの県では伐採地の面積が小さく，それらが今回の作業では抽出されなかった可能性がある。

九州全体の再造林放棄地点数に占める各県

9 九州における再造林放棄地の実態把握　115

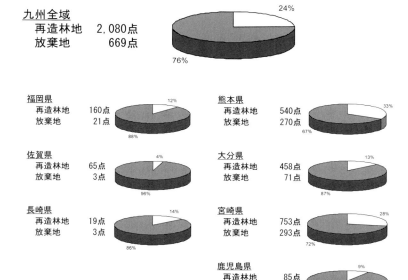

図 9.6　九州全域および各県別にみた再造林地，再造林放棄地の集計結果

の割合をみると，宮崎県が 44 %，熊本県が 40 %であり，この両県で全体の 84 %を占めている。この 2 県に次ぐのは大分県（11 %）である。これらの集計結果から，放棄地は九州全体に満遍なく分布しているのではなく，一部の県に集中していることが明白となった。熊本，宮崎，大分は林業の活発な地域であり，伐採地の多さが再造林放棄地の多さにもつながっている。

九州全域における放棄地，再造林地の分布状況を GIS で図化した（図 9.7）。ここで示したのは再造林放棄地と再造林地のみである。元々ポリゴンデータであったものを，ポイントデータに変換して表示している。このような広域表示の際にはポイントデータの方が表示に好適である。また，ポリゴンデータの際に有していた属性データは，すべてポイントデータに継承することができる。

この図に示された放棄地について注

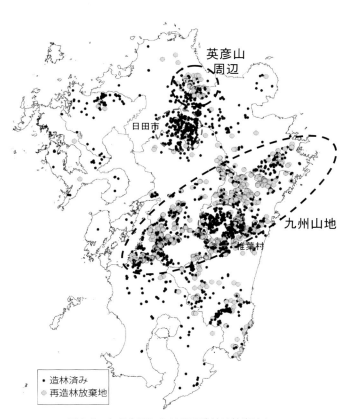

図 9.7　九州全域における再造林地放棄地と再造林地（造林済み）の分布

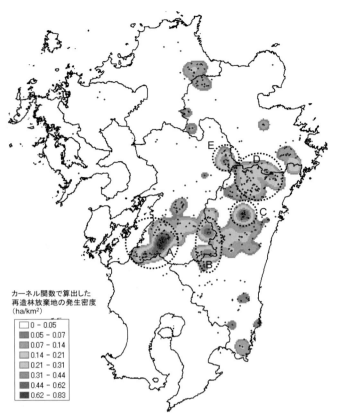

図 9.8　カーネル密度で表した再造林放棄地の発生密度

目すると，九州山地に沿って多くの放棄地が存在していることが確認できた．大分県南部から宮崎県北部，熊本県球磨地域にまたがる地域である．他には，英彦山周辺に小さな放棄地のまとまりが認められた．一方，再造林地についてもまとまった個所が存在する．日田周辺（大分県日田市，福岡県星野村，矢部村），宮崎県椎葉村がそれにあたり，これらの地域では伐採地は多いが，放棄地は少ないことが見てとれた．

図 9.7 のような表現方法によって，放棄地がどこに分布しているのか視覚的に容易に把握できる．しかし，ポイントによる表現は全体を概観するには十分だが，今回の場合，1 点 1 点の面積を考慮する必要がある．また，ポイントが集中している場所では重なって見えないこともあり，どの程度放棄地が存在するのか定量的な把握は難しい．そこで，カーネル密度を用いて単位面積当たりの放棄地面積を算出した．

図 9.8 に放棄地の発生密度を示した．凡例にある数値は $1\,km^2$ 当たりに存在する放棄地面積（ha）を意味する．この図から放棄地発生のホットスポットが存在することがわかった．最も大きなかたまりは熊本県の球磨村（図中 A）に認められた．他には，熊本県水上村・多良木町（B），宮崎県旧西郷村（C），宮崎県北部（D），阿蘇近辺（E）がホットスポットとして確認できた．これらのホットスポットは，図 9.7 だけでは確認することが難しい．GIS の空間解析能力，表現力をあらためて実感する成果図である．

9.5　プロジェクトにおいて GIS，リモートセンシングが果たした役割

このプロジェクトでは，リモートセンシングデータを使うことで，調査対象となる人工林伐

採跡地を短時間かつ客観的に抽出することができた。再造林放棄地かどうかの確認は各県の担当者に依頼したが，そのための基礎資料をリモートセンシングデータから提供することにより，行政単位を超えて共通の手段を取ることができた。従来の再造林放棄地調査では都道府県ごとに調査方法が異なることが多かったが，今回リモートセンシング技術により共通の方法を提供できた意義は大きいといえる。

ここで紹介した一連の作業全体にGISが深く関わっている。多時期リモートセンシングデータの解析だけは画像解析ソフトで行ったが，それ以外の作業はすべてGISソフト上で行っている。

たとえばラスタ・ベクタ変換はGISの特徴的な機能である。多時期リモートセンシングデータから抽出した伐採地データはラスタであったが，伐採地ごとに各種調査結果を集計するために識別する必要があった。これはIDなどの識別コードを付けることを意味するが，これにはベクタ型のデータの方が好適である。さらに，ベクタであれば複数の属性を持たせることができる。また，ポリゴンであれば各ポリゴンの面積を計算することも容易である。

そのほか役立ったGISの機能としてブックマーク機能（任意の範囲を直ちに呼び出せる機能）があった。今回印刷した地図は440枚にのぼったが，再度印刷する必要がある際など，ブックマークとして既に登録していた範囲を直ちに呼び出すことができ，大変助かった。

今回，GISにより地図を作成し，各県に配付した。理想的には，ポリゴンデータなどのデジタルデータを渡して，GPS付きのPDAなどを使って現地調査が行えるとよかったが，現時点でそのような対応ができたのはいくつかの県だけであった。現地調査にGPSは活用されていたが，GISを現場に持って行く体制までは整っていなかった。今回は現場での調査項目があらかじめ決まっていたことから，モバイルGIS（林ほか，2007）にならって，調査項目をメニュー化し，GPS付きのPDAを駆使して調査の便宜を図ることができればよかったであろう。モバイルGISの普及は今後の課題である。

現在まで，各放棄地において実態調査が実施されている。調査項目は，植生の回復状況やシカの食害，林内作業路の状態，斜面浸食・斜面崩壊の有無など多岐に渡っている。これらの調査結果は表形式でまとめられるだけでなく，GISを介して空間的な分布傾向を検討することになっている。この作業によって，どのような状態にある放棄地がどのような場所に存在するのか，空間的に把握することが可能となる。それは放棄地の実態把握に対し，多面的な情報を我々にもたらすものである。なお，日本森林学会誌第93巻第6号（2011）において「再造林放棄地の実態と森林再生」で特集が組まれているので，興味のある読者は参照してほしい。

引用・参考文献

堺　正紘（2003）森林資源管理の社会化．九州大学出版会．

林　春男・浦川　豪・大村　径・名和裕司（2007）モバイルGIS活用術．古今書院．

村上拓彦・太田徹志・溝上展也・吉田茂二郎（2006a）時系列リモートセンシングデータから得られた森林変化点の抽出精度－再造林放棄地実態把握を目指して－．九州森林研究，59，pp.285-288.

村上拓彦・太田徹志・加治佐　剛・溝上展也・吉田茂二郎（2006b）時系列LANDSAT/TMデータから得た抽出伐採地と林地転用の実態．日本写真測量学会平成18年度学術講演会発表論文集，pp.187-190.

村上拓彦・太田徹志・加治佐剛・溝上展也・吉田茂二郎（2007）時系列LANDSAT/TMデータから得た抽出伐採地と再造林放棄地の分布．九州森林研究，60，pp.173-175.

吉田茂二郎（2006）「再造林放棄地」について－その実態を自然科学的に解明する試み－．山林，1460，pp.6-15.

吉田茂二郎（2009）「再造林放棄地」について－その実態を自然科学的に解明する試みを終えて－．山林，1503，pp.2-10.

10 空中写真とGISによる棚田景観の破壊と変遷
－旧山古志村と佐渡を例に－

山岸宏光・波多野智美

10.1 はじめに

新潟県の中山間地は，土地利用のひとつが棚田であり，日本の美しい風景のひとつとなっている。しかし，2004年10月23日には，旧山古志村を中心とする中山間地の直下を震源とする新潟県中越地震が発生し，棚田や池の牧歌的たたずまいは根底から破壊された。また，小佐渡（佐渡南部）の棚田はトキの餌場としても活用されてきたが，減反政策や高齢化とともに急激に減少していった。

本章では，地震による旧山古志村（現長岡市）の棚田破壊様式と，小佐渡の旧新穂村（現佐渡市）の棚田の変遷について，空中写真とGISを活用した解析を試みる。

10.2 旧山古志村の棚田・池の変遷と地震による破壊

(1) 旧山古志地域の棚田と池の変遷

2004年10月23日に発生した新潟県中越地震によって旧山古志地域では多くの地すべりや崩壊が発生し，棚田や池が大きな被害を受けた。この地域は全国でも有数の地すべり地帯であり，土地利用のひとつとして棚田が多く築かれてきた。さらに，養鯉池を含む多数のため池があることも景観上の大きな特徴である。

本章ではこの地域の棚田と池の分布について，今日までの変遷を通して，その特徴を明らかにしたい。調査の範囲は，図10.1に示した範囲1から範囲6までの地域である。

使用した空中写真は，1969年（白黒，縮尺1/20,000），1976年（カラー，1/10,000），1984年（白黒，1/15,000）（図10.2），および1994年（白黒，1/15,000），2004年（カラー，1/10,000）である。これらの写真のうち，範囲4における2時点の判読結果を図10.3に示す。

1969年から地震直後の2004年までに，この地域の棚田および池がどのような推移をたどったかを調べた。判読により検出された総数は棚田が11,914個，池が4,019個であった（表10.1）。

1970年代に入ってから棚田は，減反政策や農業者の高齢化などにより急激に減少した（図10.4）。一方，池は養鯉業のブームの時期もあり，全体として増加傾向にある。

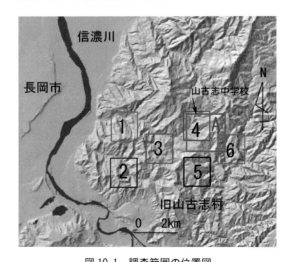

図10.1 調査範囲の位置図
1～6は棚田の変遷の判読範囲，Aは中越地震による破壊の判読範囲．

10　空中写真とGISによる棚田景観の変遷と破壊　119

図10.2　空中写真の判読基準例（左：1976年カラー写真，右：1984年白黒写真）（口絵参照）

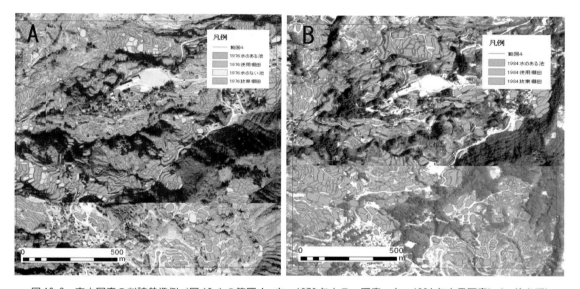

図10.3　空中写真の判読基準例（図10.1の範囲4，左：1976年カラー写真，右：1984年白黒写真）（口絵参照）

表10.1　調査全範囲における棚田と池の面積別個数の推移

	面積区分	1969年	1976年	1984年	1994年	2004年	合　計
棚田	$0 \sim 500m^2$	3,613	3,650	899	509	498	9,169
	$501 \sim 1000m^2$	607	336	446	320	244	1,953
	$1001 \sim 1500m^2$	111	41	143	120	74	489
	$1501 \sim 2000m^2$	31	9	61	52	34	187
	$2001m^2$以上	19	2	38	47	10	116
	計	4,381	4,038	1,587	1,048	860	11,914
池	$0 \sim 500m^2$	527	1,153	447	325	302	2,754
	$501 \sim 1000m^2$	73	205	175	209	185	847
	$1001 \sim 1500m^2$	16	57	53	61	77	264
	$1501 \sim 2000m^2$	3	9	20	19	33	84
	$2001m^2$以上	3	10	9	20	28	70
	計	622	1,434	704	634	625	4,019

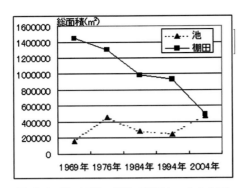

図 10.4 棚田面積の推移（範囲 1～6 の合計）

(2) 中越地震による棚田・池の崩壊・亀裂

2004 年の新潟県中越地震は，旧山古志村を中心とする中山間地の直下で発生したため，多くの棚田や池が破壊された。関口・佐藤（2006）によると，破壊された 628 カ所の人工地形のうち，水田・養鯉池・畑地が 68％を占めている。この地震では無数の斜面崩壊も発生し，とくに，旧山古志村周辺では多くの棚田や池も破壊された。

10,000 分の 1 程度の通常の空中写真では詳細な破壊の程度は判読できないが，2000 年に撮影された 5,000 分の 1 オルソ画像や，2004 年 10 月 24 日（地震の翌朝）に撮影された 25cm 解像度のデジタル画像（DMC：アジア航測撮影）を使用すると，棚田や池の亀裂の様子や小規模な斜面崩壊が判読できた。

① 空中写真による判読区分

2004 年 10 月 24 日に撮影された 25cm 解像度の DMC 画像を用いて棚田・池・亀裂を判読し，棚田・池・亀裂分布図を作成した。対象範囲は図 10.1 の A の部分（拡大した地形図が図 10.5）で，旧山古志中学校を含む。

判読では，亀裂，水のある棚田，水のない棚田，地震後に水が抜けた棚田，水のある池，水のない池，地震後に水が抜けた池など 13 のカテゴリーに区分した（表 10.2）。DMC 画像の解像度は 25cm なので，棚田と池の区別は容易であり，

図 10.5 地震による影響を空中写真判読した範囲

表 10.2 2000 年・2004 年の空中写真判読の際の分類カテゴリー

番号	分類名
1	変形なし・移動なし
2	変形なし・移動あり
3	変形あり・移動なし
4	変形あり・移動あり
5	裂けてしまった
6	崩壊した
7	土砂をかぶった
8	土砂に完全に埋もれた
9	2000 年より拡大した
10	2000 年より縮小した
11	新しくできた
12	2000 棚田→ 2004 池
13	2000 年の池 or 棚田→ 2004 年放棄

棚田は平坦かつ不定形，池はお椀のように窪んだ楕円形が判読の目安である。亀裂はわかる範囲で 1 本ずつ判読し，同時に地震直前の 2000 年撮影のオルソ画像と比較しつつ判読を行った。2000 年の池と棚田は 2000 年撮影の通常のオルソ画像で判読したものであるが，地震によっても変化のないものは 2004 年 DMC 画像で判読したものと重なって表現されている（図 10.6）。

判読した棚田と池の総面積をみると，池の面積が棚田の 2 倍強となっている。池全体をみると，地震により水の抜けた池が最も多く（45％），

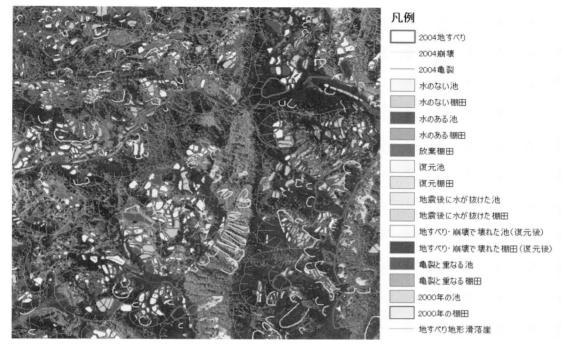

図10.6 判読した種々の要素(中越地震直後の2004年DMC画像)(口絵参照)

次いで,水のある池(30%),水のない池(25%)の順となった。この場合,水のあるなしは写真から判読できるが,地震後に水が抜けたかどうかは,棚田や池に水があった痕跡(たとえば湿っている,亀裂がある,または土砂が流れ出ている)から判断した。こうした判断をもとに,2000年のオルソ画像と比較しつつ,棚田や池の破壊の程度について表10.2に示す分類にもとづいて判読を行った(図10.6)。

この場合,地すべり等によって判読不可能な棚田・池は,2000年オルソ画像を用いて復元し,地震直前の棚田・池として判読した。形が変形したり土砂に埋もれた部分がある棚田・池も復元してこの区分に入れた。このように,2000年時点に復元したものや,地すべり地形(防災科学技術研究所地すべり地形分布図)との重なりも考慮して解析した。

図10.7に以上の判読結果を示す。旧山古志中学校の北西側では,幅約50mの地すべりが地震によって数カ所発生した。いずれも古い地すべり地形の滑落崖に囲まれており,移動土塊の中にあることを示している。また南西部や南部でも数カ所で新たに地すべりが発生したが,同じく古い地すべり地形の滑落崖の下方にあたる。さらに亀裂についても,古い地すべり地形の滑落崖の縁や,新しい地すべりの中に発生していることがわかる。

② 棚田・池と亀裂の関係

破壊された棚田と池について,亀裂の入り方をArcInfo 9.2でGIS解析を行った。解析の手順は,①ArcMapで亀裂・棚田・池を表示し,②空間検索で亀裂と重なる棚田や池を抽出し,③Excelで面積を計算した(図10.8)。

それによると,棚田には60%,池には63%に亀裂が入り,両者に大きな差はない。このうち池に注目すると,池全体の30%が水のある池で,そのうち30%強に亀裂が入っていた。水のない池(池全体の26%)では60%弱に亀裂があった。地震後に水が抜けたと判読される

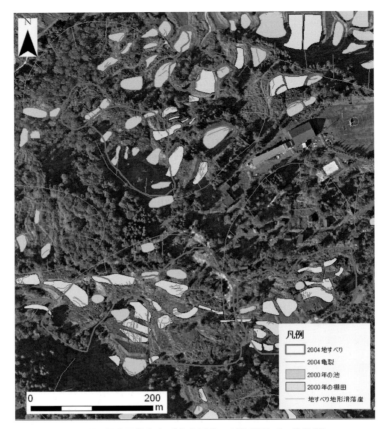

図 10.7 DMC 画像および空中写真の判読結果（口絵参照）
背景は 2004 年 DMC 画像．同画像より判読した地すべりおよび，2000 年空中写真と 2000 年オルソ画像より判読した棚田・池を表示し，さらに地すべり地形の崩落崖（防災科学技術研究所）を記入した．

池（池全体の 44％）のうち，90％近くが亀裂が入っており，水が抜けた原因として亀裂が大きな役割を果たしていることを示唆している．

判読した亀裂の長さ別の個数を図 10.9 に示す．これによると，全体として 1～5，6～10 m の長さのものが多い．地震により水が抜けた池に長い亀裂が多いことは当然であろう．しかし，水のない池にも長い亀裂がやや多いことは，亀裂によって水がなくなった池も含んでいることを示唆している．

(3) 中越地震による棚田・池への影響度

棚田と池について，地震の際の亀裂・崩壊・地すべりによる破壊の程度を比較すると，①亀裂のある棚田 61％，池 63％，②地すべり・崩壊により破壊された棚田 28％，池 19％，③未破壊の棚田 11％，池 18％という結果となった．棚田と池との破壊の程度を比較すると，亀裂のやや多い池では地すべり・崩壊で壊れたものがやや少なく，未破壊のものも多いことがわかる．

表 10.2 に掲げた 13 のカテゴリーにもとづき，図 10.5 の A の範囲のそれぞれの棚田・池を区分した結果は図 10.9 および図 10.10 に示す．全体としては，池よりも棚田のほうが地震の影響を大きく受ける結果となった．これは絶対数に大きな差があり，また地域性にもよるので一般的とは言えないが，池の底と棚田のそれと比較すると，前者のほうが池を造成するときに突き固めるなど地盤強度は強く作られているためかもしれない．

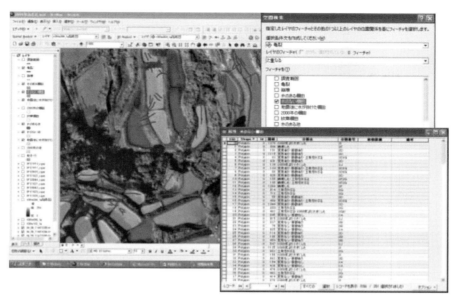

図 10.8　棚田・池における亀裂の入り方の解析手順
① ArcInfo 9.2 で亀裂・棚田・池を表示し，② 空間検索で亀裂と重なる棚田や池を抽出し，③ Excel で面積を計算する．

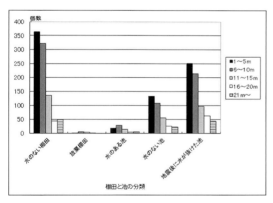

図 10.9　棚田・池における亀裂の長さ別個数

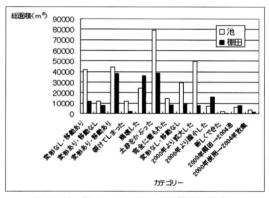

図 10.10　棚田・池における地震の影響度
表 10.2 の分類にもとづく．

10.2　野生トキの絶滅と棚田変遷

(1)　佐渡市旧新穂村周辺の棚田の原地形と変遷

　小佐渡地域（佐渡南部）の旧新穂村周辺は，野生のトキが最後にいた地域として知られている。その生息には，餌場としての棚田と，営巣地としての里山の存在が不可欠といわれている。その意味で，棚田がわが国で最も多い地域のひとつである新潟県佐渡がトキ最後の生息地であったことは十分理解できる。

　野生のトキは1970年代初めを最後として絶滅したといわれている。筆者らはトキ最後の生息地の一つで，新潟大学トキ野生復帰プロジェクトの実験フィールドでもある旧新穂村キセン城周辺において，空中写真の判読により，時系列的に棚田の消長を探ってみた。使用した写真は 1947 年，1971 年，1976 年，1985 年，1998 年の空中写真（1947 年の写真は米軍撮影，ほかは国土地理院撮影。1976 年のみはカラーで，ほかはすべて白黒。縮尺は 1:20,000 ～ 40,000）である（図 10.12）。

　これらの棚田は，水の利用できる斜面に位置

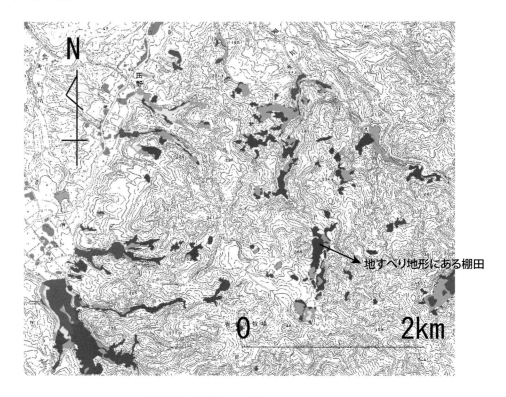

図10.11 佐渡市旧新穂村周辺の棚田のある地形種（山岸，2008）
1947年空中写真から判読．白黒印刷のため見づらいが，地形種を色分けで表示してある（口絵参照）．

し，大雨や融雪による斜面災害も発生しやすい．とくに減反政策や農家の高齢化によって棚田が放棄されると，もともと地すべり地形であることから，人の手を離れると，水管理がなされず，表面が乾燥して割れ目ができやすい．そして，それに沿って雨水などが入りこんで地すべりが発生しやすくなる．

　農林水産省によると，棚田とは「1/20以上の傾斜に造成された水田」を意味する．地形との関係では，佐渡の棚田の多くは海岸段丘上にあり，丘陵台地型棚田が多いことが指摘されている（中島，1999）．棚田の作られた原地形（地形種；鈴木，1997）をみると，小佐渡地域の山地では，地すべり地形，扇状地，河岸段丘，谷底低地などが棚田として使われているが，地すべり地形が最も多い（図10.11）．

(2) GISを活用した棚田変遷の検討

　上記の事例をのべた1947年～1998年の空中写真の判読とGISで，とくに，旧新穂村キセン城付近の過去の棚田の分布や変遷を知るデータが得られた（図10.12）．

　つまり，1947年以降の空中写真をオルソ化し，判読された棚田をGIS上でポリゴン化して，図10.12の範囲内で棚田の総面積を比較すると，棚田は1970年代に入って急激に減少したことがわかる（図10.13）．また，棚田の標高の推移を10 mDEM（標高モデル；北海道地図GISMAP）を利用してGISでみると，時系列的に全体として低くなっている（図10.14）．つまり，農家人口の高齢化とともに標高の高いところから順に棚田は放棄されていったことを示している．これらの結果から，中山間地域における餌場としての棚田の減少とトキの絶滅との因果関係が伺える．

10 空中写真とGISによる棚田景観の変遷と破壊　125

図10.12　旧新穂村キセン城周辺の棚田の分布・変遷（口絵参照）（山岸，2008）

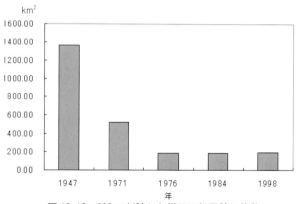

図10.13　GISで判読した棚田の総面積の推移

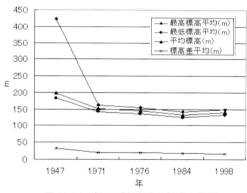

図10.14　棚田が存在する標高の推移

参考文献

鈴木隆介（1997）建設技術者のための地形図読図入門　第1巻　読図の基礎．古今書院．

関口辰夫・佐藤　浩（2006）新潟県中越地震における斜面崩壊の特徴と分布．日本地すべり学会誌，43(3)，pp.14-26．

中島峰広（1999）日本の棚田－保全への取り組み－．古今書院．

新潟大学トキ野生復帰プロジェクトWebサイト http://www.agr.niigata-u.ac.jp/tokipro/

波多野智美（2007）GISを用いた山古志地域の棚田と池の変遷の研究．2006年度新潟大学自然環境科学科課題研究．

防災科学技術研究所地すべり地形分布図（地すべり地形分布図デジタルアーカイブ，http://dil-opac.bosai.go.jp/publication/nied_tech_note/landslidemap/gis.html；閲覧日2018年6月14日）

八木浩司・山崎孝成・渥美賢拓（2007）2004年新潟県中越地震にともなう地すべり・崩壊発生場の地形・地質的特徴のGIS解析と土質特性の検討．日本地すべり学会誌，43(5)，pp. 44-56.

山岸宏光（2008）環境地質学－新潟大学9年間の研究と教育．綴喜屋，112p.

山岸宏光・アヤレウ　ルルセゲド・管野孝美・堀松崇（2004）小佐渡山地北東部の棚田の変遷と地すべり災害．第43回日本地すべり学会研究発表会講演集，pp.29-32.

山岸宏光・丸井英明・渡部直喜・川邊　洋・Ayalew Lulseged（2005）2004年新潟県中越地域2大同時多発斜面災害の特徴と比較．新潟県連続災害の検証と復興への視点－2004.7.13水害と中越地震の総合的検証－（新潟大学），pp.140-147.

11 野生動物の生息地保全のための空間情報技術
－渡り鳥の衛星追跡手法－

島﨑彦人

11.1 はじめに

　世界中のいたるところで環境破壊が進み，生物種の急速な減少が懸念されている今日，生物とその生息地の保全に向けた活動や，それを支える理論研究が，日本を含め世界各地で活発に進められている（樋口，1996）。しかし，広範囲を移動して生きる野生動物，たとえば季節の変化に応じて繁殖地と越冬地の間を往復する渡り鳥や，生活史の各段階に応じて棲み家を変える回遊魚などを対象とした保全活動は，きわめて困難な状況にある。

　その理由のひとつは，かれらの出現位置に関するデータが入手困難であり，それ故に，保全すべき生息地の位置や範囲，環境条件などをくわしく検討することができず，保全に向けての具体的な方策を立てにくいからである。しかし，こうした状況が，空間情報技術に支えられた画期的な調査手法の活用によって改善されようとしている。

　GISやリモートセンシングをはじめとした各種空間情報技術は，野生動物の行動や生息地の環境条件に関するデータを，効率的に収集，蓄積，解析するための手段として，生物とその生息地の保全を目指した数多くの研究や活動において積極的に応用されている（de Leeuw *et al.*, 2002）。特に，渡り鳥とその生息地の保全に向けた取り組みにおいては，鳥の出現位置に関するデータを得るために，人工衛星を利用した個体の移動追跡手法（以下，衛星追跡手法）が重要な役割を果たしている。高度空間情報技術に支えられたこの調査手法によって，これまで把握することが困難であった，渡り鳥の詳しい移動経路や渡り途中で利用される中継地の位置などが明らかとなり，それに基づいて具体的な保全策を検討できるようになってきた。

　本章ではまず，地球規模で移動する渡り鳥の位置データを，衛星追跡手法によって収集する仕組みを概説する。次に，渡り鳥とその生息地の保全を進めるうえで，衛星追跡手法が不可欠となる背景について補足しながら，筆者らが取り組んだ研究事例を抜粋して紹介する。

　そして，保全すべき生息地の範囲や環境条件などを地域規模で検討するための行動圏や資源選択性の解析方法について述べ，最後に，衛星追跡手法を利用する場合の注意点と今後の展望について整理する。

11.2 衛星追跡手法の概要

　渡り鳥の移動に関するデータは，これまで，足環や首環を利用した標識調査によって収集されてきた。標識調査の歴史は古く，現在でも世界中で実施されており，鳥の移動や生態に関する貴重なデータが蓄積されている。しかし，この方法は，標識を装着した鳥を再観察あるいは再捕獲する必要があるため，データの得られる可能性は，調査者の存在と努力量に依存して大きく変化する。結果として，移動に関して得ら

れるデータは，時間的にも空間的にも偏った断片的なものとなる（Higuchi et al., 1998）。

再捕獲や直接観察を必要とせずに，より効率的に野生動物の位置を調査する方法も古くからあった。そのひとつが，半世紀ほどの歴史を持つラジオテレメトリ手法である（たとえば，Le Munyan et al., 1959；Eliassen, 1960）。

この手法では，調査対象個体に装着した電波発信機からの信号を，位置のわかっている複数の地点で受信し，発信源と受信局との相対的な位置関係を割り出すことによって，調査対象個体の位置を推定する。この手法は，必要な機材を比較的安価に入手できるなどの理由から，さまざまな野生動物を対象として幅広く利用されてきた。しかし，受信局を展開可能な範囲に限りがあるため，地球規模で行われる渡り鳥の移動を追跡することは不可能に近い。

一方，衛星追跡手法では, Platform Transmitter Terminal（以下，PTT）と呼ばれる小型送信機を調査対象の鳥に装着することによって，地球規模で移動する鳥の位置データを，人手に頼らず，また昼夜を問わず，遠隔地から得ることができる。そのため，交通手段の制約や政治的な理由から立ち入りの困難な国や地域を移動する鳥をも，調査対象とすることができる。

たとえば東アジアでは，1990年代の初頭以来，日本の鹿児島県出水から北上するツル類やロシアの中南部から南下するツル類の渡りが衛星追跡手法によって調査されてきた。その結果，朝鮮半島中央部の非武装地帯とそれに隣接する韓国の鉄原が，これらツル類によって高頻度に利用される重要生息地であることが明らかにされた（Higuchi et al., 1996）。

衛星追跡手法によって鳥の位置を特定するためには，ARGOS（アルゴス）システム（ARGOS, 2008）と呼ばれるデータ処理体系が利用される。このシステムは1978年にフランスと米国の研究調査機関によって共同開発されたもので

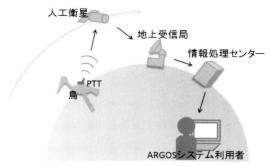

図11.1 ARGOSシステムにおけるデータ処理の流れ

あり，その本来の目的は，漂流ブイや気球などの移動体を用いて気象・海象データを収集することと，移動体そのものの位置を特定することにあった。しかし，1980年代後半以降の技術革新によって，PTTの小型軽量化に成功したことから，野生動物の行動生態調査にも利用されるようになった（Gillespie, 2001）。

1990年代に入ると，先述のツル類での例のように，大型の鳥類を対象とした追跡調査にも盛んに利用されるようになった（たとえば，Kanai et al., 2002；Fujita et al., 2004；Higuchi et al., 2004）。最近では重さ20g以下のPTTも開発され，比較的軽量な鳥種をも追跡調査することが可能となっている（Ueta et al., 2002）。

鳥に装着したPTTからは，一定の搬送周波数（401.65MHz）の信号が，あらかじめ設定した時間間隔で発信される。PTTから発信された信号は，地球を周回する人工衛星で受信された後，地上局を経由して，情報処理センターに転送される（図11.1）。

情報処理センターでは，人工衛星で受信した信号の搬送周波数のずれに基づいて，信号の発信源であるPTTの位置を推定する。このずれはドップラーシフトと呼ばれ，ドップラー効果（一定の搬送周波数で発信された信号が，人工衛星がPTTに近づく時にはより高い周波数として，また，遠ざかる時にはより低い周波数として観測される現象）に由来して生じるものである。

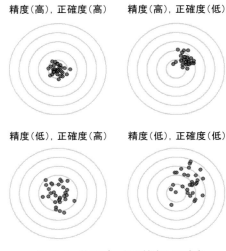

図11.2 位置データの精度と正確度

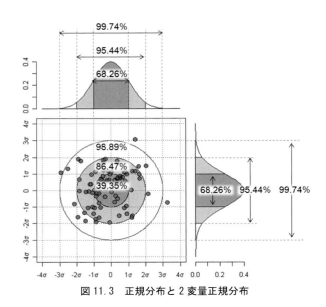

図11.3 正規分布と2変量正規分布

　情報処理センターで算出された位置の推定値は，インターネットなどの通信回線を通じて，利用者に提供される。PTTが信号を発信してから，その位置の推定値が利用者に届くまでに要する時間は，およそ1～2時間程度である。

　位置の推定値は，測地系WGS84に準拠した測地座標，すなわち，緯度と経度の値として提供される（ARGOS, 2008）。提供される位置データには各位置の推定に用いられた信号の受信時刻も添付されているため，これによって，各位置に調査対象個体がいつ存在していたのかを把握することができる。

　さらに，位置データにはLocation Class（以下，LC）と呼ばれる，測位精度に関する指標も添付される。LCは7水準の順序尺度データであり，精度が高い順に「3」，「2」，「1」，「0」，「A」，「B」および「Z」という記号が割り当てられる。なお，ここでいう精度とは，同一地点を繰り返し測位したときに得られるであろう複数の測定値とそれらの平均値との差，すなわち，残差のばらつきの程度を表したものである。そのため，各測定値が真値に対してどの程度ずれているかを表した正確度とは異なる点に留意が必要である（図11.2）。

　各LCが意味する具体的な精度の値は，標準偏差σによって与えられる。この標準偏差σは，緯度と経度の各軸方向に沿った残差のばらつきが，互いに独立に同一の正規分布$N(0, \sigma^2)$に従うと仮定したときの値である。

　LCが「3」，「2」，「1」あるいは「0」である場合の標準偏差σは，それぞれ次のように報告されている（ARGOS, 2008）。$\sigma < 150$ m（LC = 3），$\sigma = 150 \sim 350$ m（LC = 2），$\sigma = 350 \sim 1000$ m（LC = 1），$\sigma > 1000$ m（LC = 0）。しかし，LCが「A」，「B」あるいは「Z」である場合の精度は保証されていない。したがって，そうした位置データを利用する際には，利用者側での慎重な判断が求められる。

　位置の精度が標準偏差σによって与えられれば，正規分布の性質に基づいて，各位置データの不確実性を定量的に見積もることができる。たとえば，測定値xの残差が正規分布$N(0, \sigma^2)$に従うならば，ある測定値が平均値$\bar{x}$から$\pm 1\sigma$の範囲にある確率は68.26 %，$\pm 2\sigma$の範囲にある確率は95.44 %，$\pm 3\sigma$の範囲にある確率は99.74 %と見積もられる（図11.3）。

　ただし，これらの重要な数値は，あくまでも1変量について考えた場合にのみ当てはまる。

2変量の組み合わせである位置データ (x, y) の空間分布を問題とする場合には，2変量正規分布に基づいた考え方が必要となる（図11.3）。

ARGOSシステムによって得られる位置データの場合，ある測定値 (x, y) が平均値 $(\bar{x}, \bar{y})$ を中心とした半径 r の圏内にある確率 p は，2変量正規分布の確率密度関数から導かれる次式によって計算できる。

$$p = 1 - \exp\left(-\frac{r^2}{2\sigma^2}\right)$$

これにより，ある測定値 (x, y) が平均値 $(\bar{x}, \bar{y})$ を中心とした半径 $r = 1\sigma$，2σ，3σ の圏内にある確率 p は，それぞれ，39.35％，86.47％および98.89％と見積もることができる。

11.3 渡り鳥とその生息地の保全の背景

東アジアには，ツル類（*Gruidae*），コウノトリ類（*Ciconiidae*）およびガンカモ類（*Anatidae*）など，湿地に依拠した大型の鳥類が生息している。これらの鳥類の多くは数千km隔てた湿地の間を季節の変化に応じて往復する渡り鳥であり，湿地生態系の高次消費者として，各渡来地において重要な役割を果たしている。

しかし，近年の著しい人口増加と経済発展に後押しされた開発行為によって，こうした鳥たちが利用する湿地環境が急速に失われ，結果として，渡り鳥の個体数と種数の減少を招いている（Asia-Pacific Migratory Waterbird Conservation Committee, 2001）。渡り鳥が絶滅することになれば，それらを媒介とした生物間の相互作用が機能しなくなり，渡る先々の生態系の健全性が損なわれる危険性がある。その意味で，渡り鳥の保全を考えることは，単に対象種を保全することにとどまらず，地理的に離れた各渡来地の生態系保全にも深く関わっている（樋口, 2001；2005）。

世界中のあらゆる地域で急速な開発が進む今日，渡り鳥とその生息地の保全を進めるためには，かれらが利用する生息地の位置を正確に把握し，保全の対象となる地域を具体的に明らかにすることが急務である。さらに，すべての生息地を保全の対象とすることが困難である場合には，保全の優先順位を考える必要もある（Primack, 2006）。

渡り鳥の生息地保全の優先順位は，これまで，現地観察によって得られる渡来数や滞在期間に基づいて検討されてきた（Myers *et al.*, 1987）。しかし，遠く離れて点在するすべての生息地において，詳細な現地調査を実施することは困難である。特に，渡りの途中で利用される中継地については，その正確な位置が把握されていないことが多く，くわしい現地調査が実施されないまま，その重要性が見落とされていた危険性がある。

長距離を移動する渡り鳥は，渡る先々において，採餌環境の変化に伴う餌の獲得効率の変動や餌をめぐる競争，さらには，捕食関係に由来した危険など，その生存を左右するさまざまな困難に直面する。中継地の数が減少した場合には，こうした困難を回避できる可能性が低下し，渡りを安全に行うことが難しくなる。さらに，鳥たちが無事に渡りを行えるか否かは，利用可能な中継地の数だけでなく，繁殖地，越冬地および中継地の相対的な位置関係にも左右される（Farmer and Wiens, 1999）。こうしたことから，保全の優先順位を検討する際には，生息地全体の位置関係を考慮しながら，各生息地の重要性を評価する必要がある。

次節では，東アジアに生息する大型の渡り鳥の中で，特に近年，個体数の減少と生息地環境の悪化が懸念されているコウノトリを対象とした研究事例（Shimazaki *et al.*, 2004）を抜粋して紹介し，生息地全体の位置関係を考慮した保全策を検討するうえで，衛星追跡手法が重要な役割を果たすことを示す。

11.4 渡り鳥の位置データの収集と解析

コウノトリ (*Ciconia boyciana*) は，IUCN (International Union for Conservation of Nature：国際自然保護連合) の Red List Category で絶滅危惧種に指定されている湿地性の渡り鳥であり，現存する野生の個体数は約 2,500 羽と推定されている (Birdlife International, 2000)。日本列島においても，かつては留鳥として生息する数多くの野生個体群が見られたが，明治時代以後の乱獲や農薬被害，営巣木の伐採などによる生息環境の悪化などを原因として 1971 年に絶滅した。

現存する野生個体群は，主として極東ロシアのアムール川中流域およびウスリー川流域で繁殖し (Smirenski, 1991)，冬の訪れとともに集団で南下移動し，中国南部の揚子江中下流域で越冬する (Wang, 1991)。渡りを行う野生個体のごく一部が，まれに日本列島に渡来することもある。

しかし，そのくわしい移動経路は不明であり，渡り途中で利用される中継地の数や位置，そして，各中継地における滞在期間などについても断片的にしかわかっていない。ロシアおよび中国政府は，コウノトリを含む湿地性渡り鳥とその生息地の保全を目的として，法律や自然保護区の整備を進めているが，そうした保全努力は主として多くの鳥が共通に利用する繁殖地と越冬地に集中しているのが現状である (Birdlife International, 2000)。

1998～2000 年の夏，筆者らは，極東ロシアのアムール川中流域およびウスリー川中流域の湿地帯において，巣立ちを間近に控えた 13 羽の若いコウノトリを捕獲し，PTT を装着した。PTT を装着した 13 羽のうち 9 羽については，越冬地までの全渡り経路の追跡に成功し，残りの 4 羽については，越冬地への到着が確認される前に，PTT からの信号が途絶えた。

13 羽のコウノトリから得た位置データは，全部で 3,542 点であった (図 11.4 左)。このうち，測位精度が保証されている LC＝3～1 のデータ (1,432 点) のみを抽出し，これを地図と重ね合わせて判読することによって，これまで漠然としていたコウノトリの渡り経路を詳細に明らかにした。

さらに，移動速度の変化に着目して，生息地内にいる鳥の位置データに対応する点群のみを抽出した。そして，得られた点群の時空間的な近接性に基づいたクラスター分析を行うことにより，点在する繁殖地，中継地および越冬地の位置を特定した (図 11.4 右)。また，各個体の移動の様子を時系列で調べることにより，渡り途中で利用する中継地の数や滞在日数，中継地に立ち寄らずに移動する距離など，渡り様式に関わる重要な情報を抽出した。

各生息地の位置関係と生息地全体の連結性を考慮しながら，優先的あるいは協調的に保全すべき重要生息地を特定するために，地理的に離れた繁殖地，中継地および越冬地の結び付き (以下，生息地ネットワーク) を，「ノード」と「リンク」から構成される非平面有向グラフによって表現した (図 11.5 左)。ここでノードとは，先述の位置データの解析によって特定された生息地，すなわち，繁殖地，越冬地および中継地に対応している。中継地に関しては，比較的長期間にわたって鳥が滞在し，渡り途中のエネルギー補給に使われたであろう staging site と，短期間しか利用されなかった resting site とを区別し，staging site のみを中継地のノードと見なした。

また，リンクとは，ある生息地から他の生息地へ向かう，コウノトリの移動の有無を表している。任意のノード間におけるリンクの有無は，対応する生息地間の位置関係 (距離と方位) と，コウノトリが生息地に立ち寄ることなく継続的に移動できる最大距離 (以下，最大継続移動距

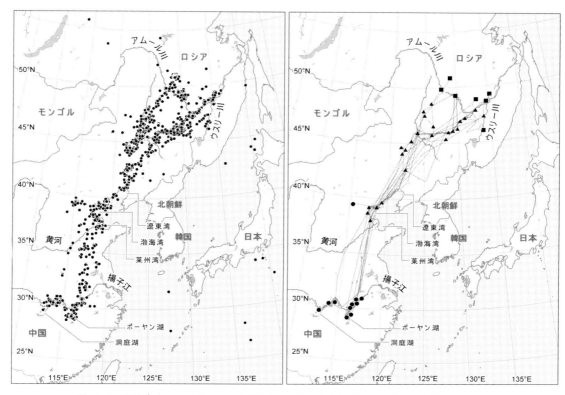

図 11.4　衛星追跡手法によって得られた 13 羽のコウノトリの位置データとその解析結果
左図：測位精度が保証されていない位置データも含めて，得られたすべての位置データ（●）を地図上に描画した結果．
右図：測位精度が保証された位置データのみを用いて，繁殖地（■），中継地（resting site △／staging site ▲）および越冬地（●）の位置を推定した結果．各生息地を結ぶ直線は 13 羽の南下経路を表す．Shimazaki *et al.*（2004）を改変．

離 d_{max}）に基づいて設定した．なお，最大継続移動距離 d_{max} は，各生息地におけるエネルギー補給の状態などによって異なると考えるのが自然であることから，起点となるノードごとに推定した．

　生息地相互の連結性をグラフで表現することにより，渡り鳥が繁殖地から越冬地へ向けて移動する際の「経路」を，始点と終点を結ぶ一連のノードとリンクの集合として表現できる．このとき，始点は繁殖地に対応するノードであり，終点は越冬地に対応するノードとなる．

　こうした経路のうち，2～5 個のノードとそれらを結ぶ 3～6 本のリンクから構成される経路を，特に，コウノトリの「潜在的渡り経路」と定義した．その理由は，全渡り経路の追跡に成功した 9 羽のコウノトリによって利用された中継地の数が 2～5 カ所であったからである．そして，このような潜在的渡り経路の本数を，繁殖地と越冬地を結ぶ生息地ネットワークの連結性の強さを示す指標と見なし，中継地の消失が連結性にどのような影響を与えるのかを評価した．

　生息地ネットワークの連結性解析の結果，中国東部の渤海湾沿岸に位置する中継地が利用不可能になった場合，繁殖地と越冬地を結ぶ潜在的渡り経路の本数がゼロとなり，中国南部の揚子江流域に位置する越冬地が地理的に孤立することが示された（図 11.5 右）．このことから，渤海湾沿岸に位置する中継地は，繁殖地と越冬地を結ぶ渡り経路を維持するうえで，重要な位置にあると解釈できる．

　渤海湾沿岸には，黄河三角州自然保護区や

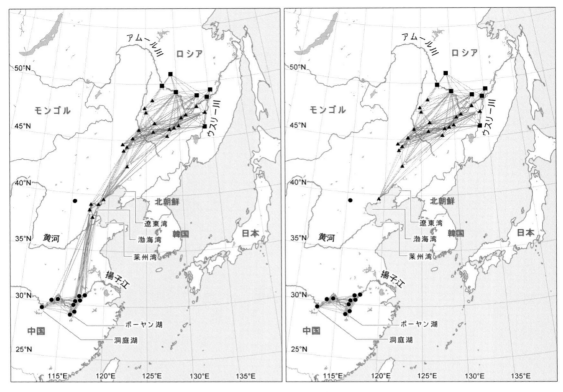

図 11.5　生息地ネットワークと連結性と断片化
左図：生息地ネットワークの連結性が維持されている状態．右図：渤海湾沿岸に位置する中継地の消失によって生息地ネットワークが南北に断片化した状態．Shimazaki *et al.*（2004）を改変．

天津古海岸湿地自然保護区など，国家級自然保護区が設置されている地点もあるが（China Population and Environment Society, 2000），急速な開発行為に起因する環境汚染により，沿岸環境が適切に制御されているとは言い難い（National Wetland Conservation Action Plan for China, 2000）．もし，渤海湾沿岸の湿地が中継地として利用できなくなれば，生息地ネットワークが南北に断片化し，繁殖地と越冬地における保全努力が損なわれることになるだろう．

開発と保全との間の適切な妥協点を探るためには，今後，地域規模でのより詳細な解析に基づいて，保全すべき具体的な範囲と環境条件を明らかにしていく必要がある．次節では，こうした地域規模での検討を行う際に有効な，野生動物の行動圏と資源選択性の解析方法について述べる．

11.5　行動圏と資源選択性の地域規模での解析

衛星追跡手法の応用によって，これまで不明だった渡り鳥の移動経路や生息地の具体的な位置が明らかになると，より詳細な空間規模での調査活動に労力を集中することが可能となる．たとえば，渡る先々における行動圏（Home range）や資源選択性（Resource selection）に関する調査である．

行動圏とは，Burt（1943）によって初めて提唱された概念であり，「個体が，採餌，繁殖および子育てに関する通常の活動を行う際に利用する範囲」と定義されている．しかし，その定義の曖昧さと時間枠が考慮されていないことに対する批判から，その後，これに代わる新

しい定義がいくつか提案され，それぞれの定義に基づいた数多くの行動圏推定手法が開発されてきた（White and Garrott, 1990；尾崎・工藤，2002）．現状では，定量的な解析に適しているという理由から，「個体の存在確率が，特定の期間において，特定の値以上である範囲」（Kernohan et al., 2001）という定義が妥当と言える．

資源選択性は，特定の範囲内において利用可能な各種資源の構成比（Resource availability）Aと，調査対象が実際に利用した資源の構成比（Resource use）Uとの比較に基づいて検討される．具体的な解析の方法は多岐にわたるが（Manly et al., 2002），基本的には，構成比AとUが有意に異なれば，特定の資源が選択的に利用されたと解釈される．

たとえば，移動する個体を一定の期間追跡して得た位置データを利用する場合，まず，その個体の行動圏を明らかにしたうえで，その範囲内での土地利用や土地被覆の構成比を求める．これが，利用可能な資源の構成比Aである．次に，位置データに基づいて，調査対象が実際に利用した頻度や累積時間をそれぞれの土地利用や土地被覆ごとに推定し，これを実際に利用された資源の構成比Uとする．そして最後に，構成比AとUを比較する．代表的な解析方法の考え方や計算手順については，Erickson et al.（2001）や清田ほか（2004, 2005）の中で丁寧に解説されているので参照されたい．

地域規模での行動圏や資源選択性の解析は，保全すべき生息地の具体的な範囲や環境条件を検討するうえで，きわめて重要な知見を与えてくれる．

近年では，個体単位の位置データに基づいた解析も盛んに行われているが，位置データが互いに独立であることを前提条件とした手法に基づいた解析例が多く，方法論上の問題点が残る．つまり，個体の移動能力に限界がある以上，各出現位置は，多かれ少なかれ，それぞれ1時点前の出現位置に依存しており，独立性を仮定すること自体に無理がある．時間的自己相関ともいえる位置データの依存性を無視した解析は，出現位置と外的要因（たとえば環境条件や他者との相互作用）との関係性を歪めてしまう危険性がある．位置データの依存性を考慮したより適切な手法に基づいた解析が望まれる．

また，地域規模での解析において，衛星追跡手法によって得られた位置データを利用しようという試みもあるが，その場合には，測位の精度や頻度に関連したいくつかの点に対する注意が必要となる．これについては次節で述べる．

11.6 衛星追跡手法の利用上の注意点と今後の展望

衛星追跡手法は，広範囲かつ長期間に及ぶ渡り鳥の移動の実態を明らかにすることができる，画期的な，そして，いまのところ唯一の調査手法である．地球規模で行われる渡りが調査目的である場合には，衛星追跡手法によって得られる位置データの数百m～数km程度の不確実性は，問題視しなくてもよい．しかし，直径数km程度の行動圏を明らかにしたり，その中での詳細な資源選択性を調査することが目的ならば，より高精度な位置データが不可欠となる．

たとえば，異なる土地利用や土地被覆が細長い線状構造を持っていたり，パッチ状に入り組んで分布している領域では，位置データの精度の低下によって，異なる結論が導かれるかもしれない（図11.6）．有益な情報を得るためには，使用するデータもその解析方法も，ともに目的に合致した適切なものである必要がある．

そもそも，行動圏や資源選択性の解析は，長時間あるいは高頻度に利用された場所や資源を推定することが目的であるから，解析に用いる位置データには，調査対象が実際に利用した時

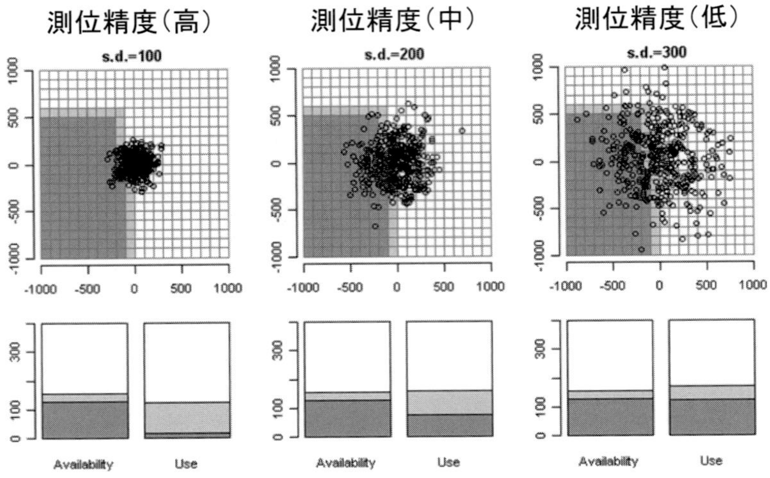

図11.6 位置データの不確実性がオーバーレイ解析に与える影響

上段図：異なる3種類の土地被覆が分布する2000m四方の領域を，100m四方の小区画に区切り，優占する土地被覆の違いに応じて，各小区画の色を「白」，「明るい灰色」あるいは「暗い灰色」で表現した．さらに，その上に，「明るい灰色」の土地被覆を選好する個体の位置データを重ね合わせた．下段図：2000m四方の領域に占める3種類の土地被覆の割合（Availability）と位置データと重なった土地被覆の割合（Use）を表している．測位精度が高い場合には，「明るい灰色」の小区画と重なる位置データの割合が多いが，測位精度が低くなると，その割合が減少する．資源選択性を捉えるためには，解析対象となる資源の空間分布様式を考慮に入れながら，適切な精度の位置データを用いる必要がある．

間や頻度が正確に反映されている必要がある。そのような位置データを得るためには，測位の時間間隔を十分に短くし，位置の推移をほぼ連続的に記録したり，調査期間内に適切な量のデータが得られるように配慮しつつ，ランダムな時間間隔で測位を行う必要がある。

しかし，衛星追跡手法を利用する場合，PTTからの信号を受信する人工衛星の数を増やさない限り，高頻度な測位を実現することは不可能である。また，人工衛星の周回周期に由来して特定の時間帯に測位が集中する傾向があるため，たとえ不規則なデータ欠損が生じたとしても，測位間隔にランダム性を期待することは難しい。

測位時刻の規則性や偏りが特に問題視されるのは，調査対象個体の行動様式に，日周性などの周期性が見られる場合である。測位時刻の規則性と行動様式の周期性が同調することによって，特定の行動を行う際に利用する場所のみに位置データが偏ってしまう危険性がある。得られた位置データに時間的な規則性や偏りが無いか，ある場合にはそれが解析結果にどのような影響を与え得るのか，慎重に検討する必要がある。

なお，広範囲を移動する個体を対象とする場合，測位時刻の規則性や偏りは，世界標準時や地方標準時によって検討するのではなく，個体のいる位置（経度）に応じて変化する太陽時に基づいて評価すべきであろう。いずれにしても，地域規模での詳細な行動圏や資源選択性を解析する場合には，より高精度かつ高頻度な位置データが必要となる。

衛星追跡手法による測位の精度と頻度を向上させるために，最近では，全地球測位システム（Global Positioning System，GPS）とARGOSシステムを併用した，新たな衛星追跡手法の開発も試みられている（Kenward, 2001）。GPSは，位置のわかっている4機以上のGPS衛星から発信された信号をGPS受信機で捉えることにより，リアルタイムで受信点の位置を推定

できるシステムであり，ARGOSシステムよりも高精度かつ高頻度に測位できるという特長を持つ。ただし，GPSには，測位データを遠隔地に転送するための機能がない。そこで，GPS受信機に記録された測位データを，ARGOSシステムを介して，遠隔地にいる利用者に転送する仕組みが考案されている。

このようなGPSとARGOSシステムを併用した新たな衛星追跡手法は，現在のところ，調査対象個体に装着する機器の大きさや重量などの制約によって，その応用範囲は限られている。しかし，将来，関連機器のさらなる小型軽量化が進めば，質・量ともに現状を凌駕する革新的な位置データを収集することができ，さまざまな時間的・空間的な規模で繰り広げられる野生動物の行動を，より詳細に把握することが可能となる。そして，保全すべき生息地の位置や範囲，環境条件などをさらに詳しく検討することによって，保全に向けての具体的な方策の立案に大きく貢献することが期待される。

引用文献

尾崎研一・工藤琢磨（2002）行動圏－その推定法，及び観察点間の自己相関の影響－．日本生態学会誌，52，pp.233-242.

清田雅史・岡村　寛・米崎史郎・平松一彦（2004）資源選択性の統計解析Ⅰ　基礎的な概念と計算方法．哺乳類科学，44，pp.129-146.

清田雅史・岡村　寛・米崎史郎・平松一彦（2005）資源選択性の統計解析Ⅱ　各種解析法の紹介．哺乳類科学，45，pp.1-24.

樋口広芳（1996）保全生物学．東京大学出版会．

樋口広芳（2001）鳥の渡りと朝鮮半島の非武装地帯．科学，171，pp.224-231.

樋口広芳（2005）鳥たちの旅－渡り鳥の衛星追跡－．日本放送出版協会．

ARGOS（2008）*ARGOS User's Manual.* CLS/Service Argos, Maryland.

Asia-Pacific Migratory Waterbird Conservation Committee (2001) *Asia-Pacific Migratory Waterbird Conservation Strategy: 2001-2005.* Wetlands International - Asia Pacific, Kuala Lumpur.

Birdlife International (2000) *Threatened Birds of the World.* Lynx Editions and Birdlife International, Barcelona and Cambridge.

Burt, W. H. (1943) Territoriality and home range concepts as applied to mammals. *Journal of Mammalogy*, 24, pp.346-352.

China Population and Environment Society (2000) *The Atlas of Population Environment and Sustainable Development of China.* Science Press, Beijing and New York.

de Leeuw, J., Ottichilo, W. K., Toxopeus, A. G. and Prins, H. H. T. (2002) Application of remote sensing and geographic information systems in wildlife mapping and modelling. In "*Environmental modelling with GIS and remote sensing*" (ed. Skidmore, A.), pp.121-144, Taylor & Francis, London.

Elliasen, E. (1960) A method for measuring the heart rate and stroke/pulse pressures of birds in normal flight. *Åbok Universitet Bergen, Matematisk Naturvitenskapelig*, 12, pp.21-22.

Erickson, W. P., McDolnald, T. T., Gerow, K. G., Howlin, S. and Kern, J. D. (2001) Statistical Issues in Resource Slection Studies with Radio-Marked Animals. In "*Radio Tracking and Animal Populations*" (eds. Millspaugh, J. J. and Marzluff, J. M.), pp.209-242, Academic Press, San Diego.

Farmer, A. H. and Wiens, J. A. (1999) Models and reality: Time-energy trade-offs in pectoral sandpiper (Calidris melanotos) migration. *Ecology*, 80, pp.2566-2580.

Fujita, G., Guan, H-L., Ueta, M., Goroshko, O., Krever, V., Ozaki, K., Mita, N. and Higuchi, H. (2004) Comparing areas of suitable habitats along travelled and possible shortest routes in migration of White-naped Cranes Grus vipio in East Asia. *Ibis*, 146, pp.461-474.

Gillespie, T. W. (2001) Remote sensing of animals. *Progress in physical geography*, 25, pp.355-362.

Higuchi, H., Ozaki, K., Fujita, G., Minton, J., Ueta, M., Soma, M. and Mita, N. (1996) Satellite-tracking of white-naped crane Grus vipio migration, and the importance of the Korean DMZ. *Conservation Biology*, 10, pp.806-812.

Higuchi, H., Shibaev, Y., Minton, J., Ozaki, K., Surmach, S., Fujita, G., Momose, K., Momose, Y., Ueta, M., Andronov, V., Mita, N., Kanai, Y. (1998) Satellite tracking the migration of red-crowned cranes Grus japonensis. *Ecological Research*, 13, pp.273-282.

Higuchi, H., Pierre, J.P., Krever, V., Andronov, V., Fujita, G., Ozaki, K., Goroshko, O., Ueta, M., Smirensky, S. and Mita, N. (2004) Using a remote technology in conservation: Satellite tracking White-naped Cranes in Russia and Asia. *Conservation Biology*, 18, pp.136-147.

Kanai, Y., Ueta, M., Germogenov, N., Nagendran, M., Mita, N. and Higuchi, H. (2002) Migration routes and important resting areas of Siberian Cranes (Grus leucogeranus) between northeastern Siberia and China as revealed by satellite tracking. *Biological Conservation*, 106, pp.339-346.

Kenward, R. E. (2001) Historical and Practical Perspectives. In "*Radio Tracking and Animal Populations*" (eds. Millspaugh, J. J. and Marzluff, J. M.), pp.3-12. Academic Press, San Diego.

Kernohan, B. J., Gitzen, R. A. and Millspaugh, J. J. (2001) Analysis of Animal Space Use and Movements. In "*Radio Tracking and Animal Populations*" (eds. Millspaugh, J. J. and Marzluff, J. M.), pp.125-166. Academic Press, San Diego.

Le Munyan, C. D., White, W., Nybert, E. and Christian, J. J. (1959) Design of a miniature radio transmitter for use in animal studies. *Journal of Wildlife Management*, 23, pp.107-110.

Manly, B. F., McDonald, L. L., Thomas, D. L., McDonald T. L. and Erickson, W. P. (2002) *Resource Selection by Animals: Statistical Design and Analysis for Field Studies.* Kluwer Academic Publishers, Dordrecht.

Myers, J. P., Morrison, R. I. G., Antas, P. Z., Harrington, B. A., Lovejoy, T. E., Sallaberry, M., Senner, S. E. and Tarak, A. (1987) Conservation strategy for migratory species. *American Scientist*, 75, pp.19-26.

National Wetland Conservation Action Plan for China (2000) *National Wetland Conservation Action Plan for China.* State Forestry Administration, Beijing.

Primack, R. B. (2006) *Essentials of Conservation Biology.* Sinauer Associates Inc., Sunderland.

Shimazaki, H., Tamura, M., Darman, Y., Andronov, V., Parilov, M. P., Nagendran, M. and Higuchi, H. (2004) Network analysis of potential migration routes for Oriental White Storks (Ciconia boyciana). *Ecological Research*, 19, pp.683-698.

Smirenski, S. M. (1991) Oriental White Stork action plan in the USSR. In "*Biology and Conservation of Oriental White Stork Ciconia Boyciana*" (eds. Coulter, M. C., Wang, Q. and Luthin, C.S.), pp.165-177. Savannah River Ecology Laboratory, South Carolina.

Ueta, M., Melville, D.S., Wang, Y., Ozaki, K., Kanai, Y., Leader, P.J., Wang, C.C. and Kuo, C.Y. (2002) Discovery of the breeding sites and migration routes of Black-faced Spoonbills Platalea minor. *Ibis*, 144, pp.340-343.

Wang, Q. (1991) Wintering ecology of Oriental White Storks in the lower reaches of the Changjiang River, central China. In "*Biology and Conservation of Oriental White Stork Ciconia Boyciana*" (eds. Coulter, M. C., Wang, Q. and Luthin, C. S.), pp.99-105. Savannah River Ecology Laboratory, South Carolina.

White, G. C. and Garrott, R. A. (1990) *Analysis of Wildlife Radio Tracking Data.* Academic Press, San Diego.

索　引

【あ　行】

アイオワ大学世界・地域環境調査センター（CGRER）　90
アフィン変換　75,105
油汚染　viii,101
油汚染事故対策マニュアル（Shoreline Countermaesures Manual）　101
アメダス　43
アメリカ地質調査所（USGS）　93
安全率　41
安定計算　74
池　ix
和泉層群　9
出雲崎　33,35
陰影図　76
衛星追跡手法　ix,126
愛媛　9
愛媛大学防災情報研究センター　6,15
塩基性火山岩　9
欧州　97
大分　115
オルソ画像　25,120
温泉地すべり　7

【か　行】

海岸情報図　viii,104
海岸の環境脆弱性　viii
回帰式　34
海上保安庁　102
ガイドライン点数方式　80,81
外部標定　76
改変地形データ　vii,71,74,78
がけ崩れ　7
鹿児島　114
河川からの距離（Stream proximity）　11〜13
活断層　6
活断層からの距離（Fault proximity）　11
滑動崩落現象　80

簡易側方抵抗モデル　80,82
環境省　102
環境脆弱性　101
緩斜面　75
干渉合成開口レーダー（干渉SAR）　28
機械学習　32
幾何変換　75
基盤地図情報　6,17
九州　110
旧版地形図　74
旧崩壊地　36
旧山古志村　65,118
丘陵　75
教師付き分類　32,112
漁業影響情報図　102
極東ロシア　130
曲率　34
切土　75
亀裂　120
空間情報　i
空間情報技術　ix,126
空中写真　73
熊本　114
グライド速度　40
クラスター分析　130
クリギング　28
クリフォード・ベリー　2
経緯度メッシュDEM　27
景観　i
慶長地震　16
計量革命　2
航空レーザ　31
航空レーザ測量　24,27
行動圏（Home range）　132
行動圏推定手法　133
国土交通省　71
国土数値情報　17,112
国土地理院　6,105

国土変遷アーカイブ事業　74
国連食糧農業機関（FAO）　95
古地図　74
国家級自然保護区　132
コレラ　1

【さ　行】
災害復旧事業　63
再滑動　8
再造林放棄　110
再造林放棄地　viii
再造林放棄地プロジェクト　viii
最大摩擦抵抗力　74
佐賀　114
佐渡　118
差分画像　112
差分計算　73
酸性雨　90
三波川帯　7,9,10
時系列情報　ii
時系列地理情報　vii,71
資源選択性（Resource selection）　132
四国　v
四国の地形　v
四国防災 GIS マップ　v
地震調査研究推進本部　16
地震波速度（Vs 30）　28
地震分布　6
地震力　74
地すべりサセプティビリティマップ（susceptibility map）　v,8,11
地すべり地形――――　ii,6,9,17
地すべり地の――――　18～20
地すべりの発生段階（Occurrence step）　20
地すべりの――――　8,19,20
地すべりデータベース　v,6,11
地すべりハザード評価　v
地すべりポリゴン　18
指定避難所の開設　58
地盤変状　80
四万十帯　9
地山　71
斜面崩壊　vi,6
蛇紋岩地帯　8
主題図　74
情報処理訓練　59
情報処理センター　127
植生データ　93

初成地すべり　10
ジョン・アタナソフ　2
人為的面源データ（anthropogenic area source）　91
新規崩壊　36
新旧地形差分データ　vii,79
人工改変地　29
震災復興ビジョン　68
森林資源問題　110
水産庁　102
水土保全機能問題　110
数値地図　55
数量化Ⅱ類方式　80,82
スクリーニング　73
スプライン法　28
正規化　34
脆弱沿岸海域図　102
生息地ネットワーク　131
生息地保全　ix,126
生態系　90
世界測地系　30
潜在的渡り経路　131
全層雪崩　vi,39
全地球測位システム（Global Positioning System，GPS）　134
造成宅地　71
測位時刻　134
属性テーブル　18,97

【た　行】
大気汚染　viii,90
大気汚染問題　iii
大規模盛土造成地　29
大規模盛土造成地マップ　73
第三紀層地すべり　7
宅地造成　77
宅地造成等規制法（宅造法）　71
棚田　ix,63,120
棚田景観　iii,118
棚田再生　66
棚田復旧　ii
棚田変遷　123
谷埋め盛土　72
多変量解析　vi,32
多摩丘陵　75
ダミー変数　34
段丘　75
弾性波探査　74
断層（活断層を含む）からの距離　12,13

地球温暖化　i
地形　8
地形改変量　74
地形傾斜度（Slope）　11
地形傾斜方位（Aspect）　11
地質　8
地質岩相（Geology）　11,13
地質構造線　7
地質情報（Geology）　12
地図・空中写真閲覧サービス　105
秩父帯　9
窒素酸化物（NOX）　iii,viii,90
中越沖地震　ii,vi,49,71,81～83
中越地震　i,vi,40,63,71
中央構造線　6,9,10
中国　96,130
中山間地域　vii,63
中山間地農業　63
抽出精度　81
抽出伐採地　viii,114
長距離化学輸送モデル　91
調査ボーリング　74
地理院地図　25,105
地理座標系（Geographic coordinate system）　30
地理情報システム（Geographic Information System：GIS）　i,74
津波浸水予想域　6
津南町　44
泥質片岩地帯　9
デジタイザー　79
デジタル化　75
デジタル画像　iii
デジタル地形図　79
デジタル地図　52
デジタル標高モデル（DEM）　41,65,111
東海地震　16
東京　75
統計ソフト　32
統計的三次元安定解析モデル　80,84
統計的側部抵抗モデル　80,83
等高線ベクトル　75
東南アジア　96
東南海地震　16
道路地すべりハザード　19,21
道路地すべりハザード解析　v
トキ問題　ii
徳島　9
土質特性　8

土壌コード　96
土壌データ　95
土地利用情報（Land use）　11,12,13
ドップラーシフト　127

【な　行】
内部パラメータ　76
内部標定　76
長崎　114
雪崩運動モデル　vi
雪崩災害　ii
雪崩層　39
雪崩の運動モデル　45
雪崩発生傾斜角　43
雪崩防災　vi,39
ナホトカ号重油流出事故　102
南海地震　16
南海トラフ巨大地震　i,6,19
新潟　26,63
にいがたGIS協議会　49
新居浜　33
二酸化硫黄（SO2）　90
25mメッシュ　34
日本測地系　30
粘土化　8
農地復旧　vi,63
ノード　130

【は　行】
ハーマン・ホレリス　1
ハザードマップ（hazard map）　v,8
発生源インベントリ　90
発生源インベントリデータ　91
パラメータマップ　11
阪神淡路大震災　i
搬送周波数　127
判別分析　32
東アジア　90,127
東アジア酸性雨モニタリングネットワーク　90
ピクセル　11
被災者生活再建支援　58
標高モデル　24,41
兵庫県南部地震　71,83
標識調査　126
標準偏差　128
表層雪崩　39
表層崩壊　29
表面波探査　74

索引

フィルタリング　26
付加体　9
福岡　114
仏像構造線　9
古い地すべり　10
ブレークライン　76
ブロック化　8
破砕帯地すべり　7
米軍撮影　73
米国環境保護庁（EPA）　4
平面直角座標系　30
平野　75
ピーター・バーロー　4
片理構造　9
ポイントデータ　28
宝永地震　16
崩壊性地すべり　8
崩壊地　29
崩壊地密度　34
崩壊分布図　24
防災科学技術研究所　9
圃場管理　68
北海道海岸環境情報図　105
北海道立総合研究機構地質研究所（道総研地質研究所）　102
渤海湾沿岸　131
ポリゴン　18

【ま 行】

まさ土　9
マスムーブメント　7
御荷鉾帯　7,10
御荷鉾構造線　9,10
御荷鉾緑色岩類　9
見通し角　43
宮城県沖地震　71
宮崎　114
盛土　vii,68
盛土造成地　74
盛土の地震時脆弱性評価手法　vii
盛土の脆弱性　71
盛土の脆弱性評価支援システム　85

【や 行】

野生動物　ix,126
野生トキ　ix,123
谷地田　75
養鯉池　118

【ら 行】

ライフライン　58
ラジオテレメトリ手法　127
ラスタデータ　25,28
ラスタ・ベクタ変換　24,117
罹災証明発行システム　ii
リモートセンシング　110
リモートセンシングデータ　viii
領家花崗岩類　9
緑色片岩　9
臨界負荷量　92
リンク　130
「粒状体」モデル　45
レーザ計測　42
連続体モデル　46
連邦緊急事態管理庁（FEMA）　4
ロシア　127
ロジャー・トムリンソン　2

【わ 行】

渡り鳥　iii,ix,126

【a～z】

ArcGIS　3,27
ArcView　3
ARGOS（アルゴス）システム　127
ATMOS-N　91
CAD　64
Ceis Atlas　102
Communications（通信）　60
COP（Common Operational Picture）　51
CUSEC　59
DBF　34
DCM（Digital Surface Model）　25
DEM（デジタル標高モデル Digital Elevation Model）　ii,24,27,43
DEM（Digital Elevation Model）　24
Denseclass　11
Densemap　11
Department of Defense, National Guard Mobilization Support to Civil Authorities（被災自治体を支援するための国防総省，国家警備隊の動員）　60
DHS：Department of Homeland Security　59
DM（デジタルマッピング）　27
DMC　120
DSM　27
EMC：Emergency Mapping Center　50

ESIマップ（Environmental Sensitivity Index map：環境脆弱性指標地図） iii ,101
ESRI 3
Fall（落下） 7
FAO-Silmap viii
Farm（農場，農園） 14
Flow（流動） 7
GCP（地上基準点） 25
Geographical Information Society i
GIS（Geographical Information System） i,63,64
GIS解析 ii
GISの歴史 v,1
GNSSロガー 25
Google Earth 105
Governance 59
GPS 25,75
Human-use features（社会施設情報） 102
IBM 2
IDW（Inverse Distance Weighted） 28
IUCN（International Union for Conservation of Nature：国際自然保護連合） 130
JGD 2000 30
kik-net 28
kmlファイル 25
k-net 28
Landsat 111
Location Class（LC） 128
MeshID 96
MVS（Multi-View Stereo） 25
National Center for Geographic Information and Analysis（NCGIA） 4
NOAA（National Oceanic and Atmospheric Administration：海洋大気庁） 101
NSDI（National Spatial Data Infrastructure） 4
ODYSSEY 3
Orchard（果樹園） 14
Paddy（水田） 14
PDA 117
Plantation（大農園，植林地） 14
Platform Transmitter Terminal（PTT） 127
Private Sector Integration（民間企業の統合） 60
Quantum GIS 27
RAINS-ASIA 92
Regional and National Resource Allocation（域及び国における資源配置） 60
Regional Transportation Coordination（地域輸送の調整） 60
SAGE 2

Sensitive biological resources（生物資源情報） 102
SfM（Surface from Motion） 25,27
shape形式 27
Shared Situational Awareness（状・オ認識の共有） 60
Shoreline habitats（海岸地形情報） 102
Slide（すべり） 7
slope movement 7
SNOWPACK 43
SRTM 4
Standard Operating Procedures 59
statistical index（Wi） 11
Technology 59
The Digital Soil Map of the World（DSMW） 95
TIN 28
Training/Exercises 59
UAV（無人機） 25
Usage 59
Vulnerability Index（VI） 101
Web-GIS 4,30
WGS 84 30

著者略歴

編著者

山岸 宏光（やまぎし ひろみつ）　まえがき，1 章（共），2 章（共），10 章（共）

略歴および現職
1966 年 北海道大学理学部卒，同年 北海道立地下資源調査所（現 道総研地質研究所）入所，1990 年 同所環境地質部長，1999 年 新潟大学理学部教授，2009 年 愛媛大学防災情報研究センター教授，2004 年 公益社団法人日本地すべり学会会長，2014 ～現在 NPO 法人環境防災研究機講（CEMI）北海道理事，NPO 法人北海道総合地質学研究センター（HRCG）理事，株式会社シン技術コンサル技術顧問，公益社団法人日本地すべり学会名誉会員，GIS 上級技術者，理学博士．

主な著書
山岸宏光（1993）北海道の地すべり地形．北海道大学出版会，392p.
山岸宏光・志村一夫・山崎文明（2000）空中写真によるマスムーブメント解析（付 CD-ROM）．北海道大学出版会，221p.
山岸宏光編著（2012）北海道地すべり地形デジタルマップ（付 DVD）．北海道大学出版会，100p.
Yamagishi, H. and Bahndary, N.P. (eds) (2017) *GIS Landslides*, Springer Verlag, 230p.

主な論文
Ayalew, L. and Yamagishi, H. (2005) The application of GIS-based logistic regression for landslide susceptibility mapping in the Kakuda-Yahiko Mountains, Central Japan. *Geomorphology*, 65, pp.15-31.
Yamagishi, H. and Iwahashi, J. (2007) Comparison between the two triggered landslides in Mid-Niigata, Japan -by July 13 heavy rainfall and October 23 intensive earthquakes in 2004-. *Landslides,* 4, pp.389-397.
山岸宏光・斉藤正弥・岩橋純子（2008）新潟県出雲崎地域における豪雨による斜面崩壊の特徴－ GIS による 2004 年 7 月豪雨崩壊と過去の崩壊の比較－．日本地すべり学会誌，45, pp.57-63.
山岸宏光・土志田正二・畑本雅彦（2016）最近の豪雨崩壊および既往の地すべりにおける地形・地質要因の GIS 解析．日本地すべり学会誌，52, pp.12-22.

著者

岩橋 純子（いわはし じゅんこ）　2 章（共）

略歴および現職
1990 年 大阪市立大学理学部卒，同年 建設省（現国土交通省）国土地理院入省，2002 年 千葉大学大学院自然科学研究科後期博士課程卒，2013 年～現在 国土地理院主任研究官，博士（理学）．

主な著書
大矢雅彦・丸山裕一・海津正倫・春山成子・平井幸弘・熊木洋太・長澤良太・杉浦正美・久保純子・岩橋純子（1998）地形分類図の読み方・作り方．古今書院，118p.
Iwahashi, J., Yamagishi, H. (2017) Spatial comparison of two high resolution landslide inventory maps using GIS-a case study of the August 1961 and July 2004 landslides caused by heavy-rainfalls in the Izumozaki area, Niigata Prefecture, Japan. In *GIS Landslides* (Yamagishi, H., Bahndary, N.P. eds.), Springer Verlag, 13-29.

主な論文
Iwahashi, J. and Pike, R.J. (2007) Automated classifications of topography from DEMs by an unsupervised nested-means algorithm and a three-part geometric signature. *Geomorphology*, 86, pp.409-440.
岩橋純子・山岸宏光・佐藤　浩・神谷　泉（2008）2004 年 7 月豪雨と 10 月新潟県中越地震による斜面崩壊の判別分析．日本地すべり学会誌，45(1), pp.1-12.
Iwahashi, J., Kamiya, I. and Yamagishi, H. (2012) High-resolution DEMs in the study of rainfall-and earthquake-induced landslides: use of a variable window size method in digital terrain analysis. *Geomorphology*, 153-154, pp.29-38.
Iwahashi, J., Kamiya, I., Matsuoka, M. and Yamazaki, D. (2018) Global terrain classification using 280m DEMs: segmentation, clustering, and reclassification. *Progress in Earth and Planetary Science*, 5(1) https://doi.org/10.1186/s40645-017-0157-2

浦川 豪（うらかわ ごう） 4章

略歴および現職

1995年 横浜国立大学工学部建設学科建築学教室卒，1997年 横浜国立大学大学院工学研究科計画建設学博士課程前期卒，2000年 横浜国立大学大学院工学研究科計画建設学博士課程後期卒，同年 株式会社防災都市計画研究所特別研究員，2002年 京都大学防災研究所COE研究員，2005年 京都大学防災研究所研究員，2007年 京都大学生存基盤科学研究ユニット特任助教，2011年 兵庫県立大学総合教育機構防災教育センター准教授，2017年 兵庫県立大学大学院減災復興政策研究科准教授（現在に至る），一般社団法人G-motty理事，博士（工学）．

主な著書

監修：浦川　豪，著者：島崎彦人，古屋貴司，桐村　喬，星田侑久（2015）GISを使った主題図作成講座－地域情報をまとめる・伝える－．古今書院．

監修者：林　春男，著者：浦川　豪，大村　径，名和裕司（2007）モバイルGIS活用術　現場で役に立つGIS，古今書院．

室崎益輝，冨永良喜，兵庫県立大学大学院減災復興政策研究科（2018）災害に立ち向かう人づくり　減災社会構築と被災地復興の礎：第6章．ミネルヴァ書房，pp.87-104．

GOOGLE社（2018）G-SPHERE，被災地域の実情から見た課題　阪神・淡路大震災．pp.6-8．

主な論文

浦川　豪，吉冨　望，林　春男（2004）マルチハザード社会の安全・安心を守るためのGISの活用方策－EnterpriseGISを基盤としたCombat GIS，地域安全学会論文報告集，No.6，pp.305-314．

浦川　豪，林　春男，藤春兼久，田村圭子，坂井宏子（2008）2007年新潟県中越沖地震発生後の新潟県災害対策本部における状況認識の統一，地域安全学会論文報告集，No.10，pp.531-542．

浦川　豪，林　春男，大村　径（2011）災害対策本部における状況認識統一のための主題図作成支援ツールの開発．地域安全学会論文報告集，No.14，pp.531-542．

Urakawa, G. (2016) Building a GIS Based Information System with Seamless Interaction between Operations and Disaster Management-New challenges of City of Kitakyushu, Fukuoka Using Spatial Information for Regional Disaster Resilient Societies-, *Journal of Disaster Research,* (11)5.

小口 高（おぐち たかし） 序章

略歴および現職

1985年 東京大学理学部卒，東京大学大学院理学系研究科地理学専攻修士課程・博士課程を経て1991年 東京大学理学部助手，1998年より東京大学空間情報科学研究センターに助教授，准教授，教授として勤務，地形学，地理情報科学が専門．とくに山地から山麓にかけての土砂移動と地形形成に関連した研究．現在，日本学術会議連携会員，地理情報システム学会会長，日本地理学会理事，日本地形学連合主幹，国際地形学会（IAG）役員，国際地理学連合（IGU）分野別委員会の長，2003年より地形学の国際誌Geomorphologyの編集委員長の一人．

主な著書

Oguchi, T. and Wasklewicz, T. (2011) Geographical Information Systems in geomorphology. In: Geregory, K.J. and Goudie, A. (Eds.) *The SAGE Handbook of Geomorphology*. Sage Publications, London, pp.227-245.

Oguchi, T., Wasklewicz, T. and Hayakawa, Y.S. (2013) Remote data in fluvial geomorphology: Characteristics and applications. In: Shroder, J.F. (ed.) *Treatise on Geomorphology, Volume 9*, Academic Press, San Diego, pp.711-729.

Oguchi, T., Hayakawa, Y., and Oguchi, C.T. (2017) Quaternary fluvial environments and paleohydrology in Syria. In: Enzel, Y, Bar-Yosef, O. (eds.) Quaternary of the Levant: Environments, Climate Change, and Humans, Cambridge University Press, pp. 417-421.

鈴木康弘・山岡耕春・寶　馨編（2018）おだやかで恵み豊かな地球のために－地球人間圏科学入門－．古今書院，266p．（分担執筆：5.1　デジタル地図・GISの歴史と環境保全・防災への貢献）

主な論文

Oguchi, T. (1997) Drainage density and relative relief in humid steep mountains with frequent slope failure. *Earth Surface Processes and Landforms*, 22, pp.107-120.

Oguchi, T., Saito, K., Kadomura, H. and Grossman, M. (2001) Fluvial geomorphology and paleohydrology in Japan. *Geomorphology*, 39, pp.3-19.

Lin, Z., Oguchi, T., Chen, Y.-G., and Saito, K., (2009) Constant slope alluvial fans and source basins in Taiwan. *Geology*, 37, 787-790.

Chen, C.W., Oguchi, T., Hayakawa, Y.S., Saito, H., and Chen, H. (2017) Relationship between landslide size and rainfall conditions in Taiwan. *Landslides*, 14, pp.1235-1240.

小荒井 衛（こあらい まもる）　6 章（共）

略歴および現職
1984 年 茨城大学理学部卒，同年 通商産業省（現経済産業省）東京鉱山保安監督部に入省，1986 年 建設省（現国土交通省）国土地理院に異動，1999 年 同院測図部写真測量技術開発室長，2001 年 同院中国地方測量部長，2003 年 同院企画部地理情報システム推進室長，2005 年 同院地理地殻活動研究センター地理情報解析研究室長，2014 年 国土交通省国土交通大学校測量部長で退職．2015 年より茨城大学理学部地球環境科学コース教授，博士（理学），技術士（応用理学），測量士，環境計量士，専門地域調査士．

主な著書
小荒井　衛（2012）1999 年那珂川水害，2000 年三宅島噴火山．日本写真測量学会編「空間情報による災害の記録．鹿島出版会，317p．

Koarai, M. (2015) Landscape Ecological Mapping for Biodiversity Evaluation Using Airborne Laser Scanning Data. Li, J. and Yang, X. (eds.) Monitoring and Modeling of Global Changes: A Geomatics Perspective, Springer, pp.137-154.

主な論文
小荒井　衛・宇根　寛・西村卓也・矢来博司・飛田幹男・佐藤　浩（2010）SAR 干渉画像で捉えた 2007 年（平成 19 年）新潟県中越沖地震による地盤変状と活褶曲の成長．地質学雑誌，116，pp.602-614．

小荒井　衛・佐藤　浩・中埜貴元（2010）航空レーザ計測による植生三次元構造を反映した植生図の作成．地図，48(3)，pp.34-46．

小荒井　衛・中埜貴元（2013）東北地方太平洋沖地震による利根川中下流域の液状化被害分布と過去の地形図・空中写真等からみる地形条件．地質汚染・医療地質・社会地質学会誌，9，pp.25-38．

小荒井　衛・中埜貴元・岡谷隆基（2015）東北地方太平洋沖地震による仙台平野・石巻平野の津波被災度と地形・土地利用との関連．地学雑誌，124，pp.211-226．

沢野 伸浩（さわの のぶひろ）　8 章（共）

略歴
金沢星稜大学女子短期大学部教授，博士（理学），専門は社会システム工学・安全システム，1997 年 ナホトカ号重油流出事故における漂着油調査，2007 年 度学術振興機構特定国長期派遣研究者としてフィンランド国立技術研究所に滞在し GIS を用いた船舶航行安全と海洋汚染防止研究に従事，2008 年 GIS によるベトナムのダイオキシン類環境汚染に関する研究，2009 年 兵庫県北西部豪雨被害において GIS を用いた累積水量解析と潜在水害危険域の研究，2011 年 東日本大震災における GIS を用いたセシウム汚染マップの作成と現地評価など GIS を活用した環境・防災に関する解析およびフィールドワークを実施．

主な著書
沢野伸浩（2013）本当に役に立つ「汚染地図」．集英社新書，184p．

主な論文
Sawano, N. (2004) Sakhalin's oil: Outline of world biggest energy developing projects. *Proceeding of the 5th APEC roundtable meeting on the involvement of the business/private sector in the sustainability of the marine environment*.

沢野伸浩（2006）ナホトカ号事故後の海岸線長期観察による油残留特性の解析．環境情報科学学術研究論文集，20，pp.303-308．

沢野伸浩（2008）フィンランド湾における船舶交通の増大と事故リスク低減の試み．海上防災，138，pp.13-19．

Sawano, N., Nhu, DD. and Kido, T. (2009) Time-line observation of environmental impacts scratched spray during Vietnam war. *Organohalogen Compounds* 71, pp.2042-2047.

島﨑 彦人（しまざき ひろと）　11 章

略歴および現職
1994 年 長岡技術科学大学工学部建設工学課程卒業，1996 年 同大学大学院工学研究科建設工学専攻修士課程修了，同年 株式会社パスコ入社，2001 年より国立環境研究所勤務，2009 年 京都大学大学院工学研究科都市環境工学専攻博士後期課程修了，2010 年 木更津工業高等専門学校環境都市工学科准教授，2015 年 同教授，現在に至る．自然環境の保全や防災への空間情報技術の応用に関する研究に従事．日本リモートセンシング学会，日本写真測量学会，日本測量協会，日本生態学会，地理情報システム学会，土木学会等会員，博士（工学）．

主な著書
島﨑彦人，山口典之，樋口広芳（2009）鳥の自然史－空間分布をめぐって－（担当：分担執筆，範囲：第 12 章 衛星追

跡と渡り経路選択の解明）．北海道大学出版会，254p.

島﨑彦人（2015）GIS を使った主題図作成－地域情報をまとめる・伝える－（担当：分担執筆，範囲：第 4 章 地理空間データについて学ぶ，コラム 8：いつでも，どこでも位置がわかる仕組み，コラム 9：宇宙や空から地球を観測する仕組み）．古今書院，128p.

主な論文

Shimazaki, H., Tamura, M., Darman, Y., Andronov, V., Parilov, M.P., Nagendran, M. and Higuchi, H. (2004) Network analysis of potential migration routes for Oriental White Storks (Ciconia boyciana). *Ecological Research*, 19(6), pp.683-698.

Chen, J., Zhang, M.Y., Wang, L., Shimazaki, H. and Tamura, M. (2005) A new index for mapping lichen-dominated biological soil crusts in desert areas. *Remote Sensing of Environment*, 96(2), pp.165-175.

Yamano, H., Shimazaki, H., Matsunaga, T., Ishoda, A., McClennen, C., Yokoki, H., Fujita, K., Osawa, Y. and Kayanne, H. (2006) Evaluation of various satellite sensors for waterline extraction in a coral reef environment: Majuro Atoll, Marshall Islands. *Geomorphology*, 82(3-4), pp.398-411.

Fukushima, M., Shimazaki, H., Rand, P.S. and Kariyama, M. (2011) Reconstructing Sakhalin Taimen Parahucho perryi Historical Distribution and Identifying Causes for Local Extinctions. *Transactions of the American Fisheries Society*, 140(1), pp.1-13.

中埜 貴元（なかの たかゆき） 6 章（共）

略歴および現職

2002 年 富山大学大学院理工学研究科博士前期課程修了，同年 国土地理院入省，2008 年～現在 同院地理地殻活動研究センター研究官，2010 年 富山大学大学院理工学研究科博士後期課程修了，測量士，博士（理学）．

主な著書

中埜貴元（2012）空間情報による災害の記録 伊勢湾台風から東日本大震災まで，IV.1 昭和東南海地震－尾鷲津波災害．日本写真測量学会編，鹿島出版会，pp.286-287（分担執筆）．

主な論文

中埜貴元・酒井英男・飯田 肇（2010）地中レーダによる立山内蔵助雪渓の体積と層厚変化量の推定．雪氷，72(1)，pp.23-34.

中埜貴元・小荒井 衛・星野 実・釜井俊孝・太田英将（2012）宅地盛土における地震時滑動崩落に対する安全性評価支援システムの構築．日本地すべり学会誌，49(4)，pp.12-21.

Nakano, T., Kamiya, I., Tobita, M., Iwahashi, J. and Nakajima, H. (2014) Landform Monitoring in Active Volcano by UAV and SFM-MVS Technique. *The International Archives of the Photogrammetry, Remote Sensing and Spatial Information Sciences*, Volume XL-8, 2014, pp.71-75.

中埜貴元・飛田幹男・中島秀敏・神谷 泉（2015）干渉 SAR で捉えた 2014 年 11 月 22 日長野県北部を震源とする地震に伴う地表変位．活断層研究，43，pp.69-82.

西村 浩一（にしむら こういち） 3 章（共）

略歴および現職

1978 年 北海道大学大学院理学研究科地球物理学専攻修士課程修了，同年（財）日本気象協会北海道本部，1985 年 北海道大学低温科学研究所助手，1992～1994 年 ケンブリッジ大学応用数学理論物理学部客員研究官，1996 年 米国サンディア研究所客員研究官，1999～2001 年 第 41 次南極地域観測越冬隊員，2002 年 防災科学技術研究所雪氷防災研究部門主任研究員，2006 年 新潟大学教育研究院自然科学系教授，2008 年 名古屋大学大学院環境学研究科教授，2015 年～ 文部科学省 防災科学技術委員会委員，理学博士．

主な著書（共同執筆）

遠藤徳孝他編（2017）地形現象のモデリング（海底から地球外天体まで）．名古屋大学出版会.

久保純子，宇根 寛，坪木和久，西村浩一（2016）わかる！取り組む！災害と防災 5 土砂災害・竜巻・豪雪．帝国書院..

河村公隆編（2016）低温環境の科学事典．朝倉書店.

雪氷災害調査チーム編（2015）山岳雪崩大全．山と渓谷社.

主な論文

西村浩一（2017）氷床上の地吹雪の涵養への寄与．気象研究ノート「南極氷床と大気物質循環・気候」，日本気象学会，233，pp.241-258.

Nishimura, K., Yokoyama, C., Ito, Y., Nemoto, M., Naaim-Bouvet, F., Bellot, H., and Fujita, K. (2014) Snow particle speeds in drifting snow, *Journal of Geophysical Research, Atmos.*, Vol. 119, doi:10.1002/2014JD021686, 2014.

Nishimura, K. and Ishimaru, T. (2012) Development of an Automatic Blowing Snow Station, *Cold Regions Science Technology*,

82, pp.30-35.

Nishimura, K. and Nemoto, M. (2005) Blowing snow at Mizuho station, Antarctica, *Philosophical Transactions of the Royal Soc. of London*, A, 363, pp.1647-1662.

長谷川 裕之（はせがわ ひろゆき）　6 章（共）

略歴および現職

1995 年 京都大学大学院理学研究科修了，同年 建設省（現国土交通省）国土地理院入院，1998 年 同院地理地殻活動研究センター研究官，2002 年 ロンドン大学（UCL）客員研究員，2008 年 文部科学省研究開発局地震・防災研究課地震調査研究企画官，2015 年 国土地理院防災企画調整官，2017 年～現在 基本図情報部管理課長，技術士（応用理学）．

主な論文

長谷川裕之・小白井亮一・佐藤　浩・飯泉章子（2005）米軍撮影空中写真のカラー化とその評価．写真測量とリモートセンシング，44(3)，pp.23-36.

長谷川裕之（2007）米軍写真を用いた終戦直後の自然景観の定量的再現．システム農学，23(1)，pp.21-31.

小荒井　衛・長谷川裕之（2008）宅地防災対策への時系列地理情報の利活用．地学教育と科学運動，58・59，pp.51-58.

長谷川裕之（2013）測量新技術の公共測量への適用について．写真測量とリモートセンシング，52(6)，pp.282-284.

波多野 智美（はたの さとみ）　10 章（共）

略歴および現職

2007 年 新潟大学理学部卒，同年 新潟大学大学院自然科学研究科入学，2008 年 新潟大学大学院自然科学研究科中退，同年 新潟県庁入庁 新潟県県民生活・環境部環境対策課，2010 年 新潟県糸魚川地域振興局企画振興部総務課，2013 年 新潟県人事委員会事務局総務課，2017 年 新潟県福祉保健部少子化対策課，2018 年～現在 新潟福祉保健部国保・福祉指導課主任．

主な論文

波多野智美（2007）GIS を用いた山古志地域の棚田と池の変遷の研究（卒業論文）

濱田 誠一（はまだ せいいち）　8 章（共）

略歴および現職

1994 年～1996 年 日本大学文理学部地球システム科学科勤務，1996 年～2011 年 北海道立地下資源調査所（現道総研地質研究所）勤務，2008 年 新潟大学大学院自然科学研究科博士後期課程修了，2011 年～現在 一般財団法人海上災害防止センター勤務，博士（理学）．

主な著書

村上　隆・荒井信雄・皆川修吾・畠山武道・中尾　繁・吉田文和・青田昌秋・北川弘光・山村悦夫・佐伯　浩・大塚夏彦・赤羽恒雄・井上紘一・濱田誠一（2003）サハリン大陸棚石油・ガス開発と環境保全．北海道大学出版会，450p.

主な論文

Hamada, S., Sawano, N., Endo, K., Goto, S., Yazaki, M., Sao, Kunihisa., Sao, Kazuko (2007) Relation between oil residues and angularity of coastal gravel. *PACON 2007 Proceedings*.

濱田誠一・沢野伸浩（2007）漂着油残留年数と海岸の礫形の関連性－ナホトカ号事故事例より－．環境情報科学論文集，21，pp.13-18.

濱田誠一・沢野伸浩・後藤真太郎（2008）ナホトカ号漂着油の残留年数と礫浜の砕波帯地形との関連．沿岸域学会誌，20(4)，pp.83-88.

Bhandary Netra Prakash（ばんだり ねとら ぷらかしゅ）　1 章（共）

略歴および現職

1993 年 インド国立 Aligarh Muslim 大学工学部卒，同年 ネパール国・JAYEE 建設会社入社，1994 年 ネパール工科大学助手，1997 年 愛媛大学工学部研究生，1998 年 愛媛大学大学院理工学研究科博士前期課程入学，2000 年 同研究科

修了・博士後期課程入学，2003 年 同課程修了，同年 愛媛大学工学部助手，2007 年 愛媛大学大学院理工学研究科助教，2010 年 ネパール地盤工学会副会長，2015 年 同研究科准教授，2012 年 ヒマラヤ地すべり学会事務局長，2016 年 愛媛大学社会共創学部准教授，2017 年 愛媛大学防災情報研究センター副センター長，2018 年 ネパール地盤工学会長，工学博士．

主な著書

Bhandary, N.P. and Subedi, J. (eds) (2010) *Disasters and Development: Investing in Sustainable Development of Nepal*, Vajra Publications, Nepal, 204p.

Yatabe, R., Bhandary, N.P. and Bhattarai, D. (eds) (2005) *Landslide Hazard Mapping along Major Highways of Nepal: a reference to road building and maintenance*, Ehime University and Nepal Engineering College, 190p.

Yamagishi, H. and Bhandary, N.P. (eds) (2017) *GIS Landslides*, Springer Verlag, 230p.

主な論文

Bhandary, N.P., Yatabe, R., Yamamoto, K. and Paudyal, Y.R. (2014) Use of a Sparse Geo-Info Database and Ambient Ground Vibration Survey in Earthquake Disaster Risk Study - A Case of Kathmandu Valley - , *Journal of Civil Engineering Research*, 4 (3A), pp.20-30.

Bhandary, N.P., Dahal, R.K., Timilsina, M. and Yatabe, R. (2013) Rainfall event-based landslide susceptibility zonation mapping, *Natural Hazards*, 69 (1) pp.365-388.

Bhandary, N.P., Yatabe, R., Dahal, R.K., Hasegawa, S. and Inagaki H. (2013) Areal distribution of large-scale landslides along highway corridors in central Nepal, *Georisk*, 7 (1), pp.1?20.

Bhandary, N.P., Yatabe, R., Hasegawa, S. and Dahal, R.K. (2011) Characteristic Features of Deep-Seated Landslides in Mid-Nepal Himalayas: Spatial Distribution and Mineralogical Evaluation, Advances in Geotechnical Engineering, J. Han & D. E. Alzamora (eds), *Proc. Geo Frontiers 2011*, pp.1693- 1702.

平島 寛行（ひらしま ひろゆき） 3 章（共）

略歴および現職

1997 年 北海道大学工学部卒，1999 年 北海道大学大学院工学研究科修士課程修了，2004 年 北海道大学大学院地球環境科学研究科博士後期課程修了，同年 防災科学技術研究所雪氷防災研究センター入所，2004 ～ 2008 年 特別研究員，2008 ～ 2011 年 任期付研究員，2011 ～ 主任研究員，博士（地球環境科学）．

主な論文

平島寛行，本吉弘岐，山口　悟，上石　勲（2015）2014 年関東甲信地方における大雪災害への雪氷災害発生予測システムの適用可能性，雪氷，77(5)，pp.421-432.

Avanzi, F., Hirashima, H., Yamaguchi, S., Katsushima, T., and De Michele, C. (2016) Observations of capillary barriers and preferential flow in layered snow during cold laboratory experiments, *The Cryosphere*, 10 (5), pp.2013-2026, doi:10.5194/tc-10-2013-2016.

平島寛行，勝島隆史（2017）積雪中における水分移動のモデル化の現状と課題，雪氷，79，pp.483-496.

Hirashima, H., Avanzi, F. and Yamaguchi, S. (2017) Liquid water infiltration into a layered snowpack: evaluation of a 3-D water transport model with laboratory experiments, *Hydrol. Earth Syst. Sci.*,21, pp.5503-5515.

村上 拓彦（むらかみ たくひこ） 9 章

略歴および現職

1995 年 九州大学農学部卒，1997 年 九州大学大学院農学研究科修士課程修了，2000 年 九州大学大学院農学研究科博士後期課程修了，1998 年 農業環境技術研究所重点研究支援協力員，2000 年 九州大学大学院農学研究院助手，2006 年～現在 新潟大学自然科学系准教授，博士（農学）．

主な著書

中越信和・原慶太郎監訳（2004）景観生態学－生態学からの新しい景観理論とその応用－．文一総合出版，400p.（分担翻訳）

村山祐司・柴崎亮介編（2008）シリーズ GIS 第 4 巻　ビジネス・行政のための GIS．朝倉書店，208p.（分担執筆：4 章　林業と GIS）

久米　篤・大政謙次監訳（2013）植生のリモートセンシング．森北出版，480p.（分担翻訳）

加藤正人編著（2014）森林リモートセンシング 第 4 版．日本林業調査会，400p.（分担執筆）

主な論文

Murakami, T. (2006) How is short-wave infrared (SWIR) useful to discrimination and classification of forest types in warm

temperate region? *Journal of Forest Planning*, 12, pp.49-53.
村上拓彦・吉田茂二郎・太田徹志・溝上展也・佐々木重行・桑野泰光・佐保公隆・清水正俊・宮崎潤二・福里和朗・小田三保・下園寿秋（2011）九州本島における再造林放棄地の発生率とその空間分布．日本森林学会誌, 93, pp.280-287.
村上拓彦・番場和徳・望月翔太（2013）時系列空中写真を用いた人工林小班区画抽出手法の開発．森林計画学会誌, 47, pp.27-36.
村上拓彦・望月翔太（2014）リモートセンシングによる植生マッピング．日本生態学会誌, 64, pp.233-242.

矢田部 龍一（やたべ りゅういち）　1章（共）

略歴および現職
1976年 京都大学工学部卒, 1979年 同大学工学研究科修士課程修了, 同年 愛媛大学工学部助手, 1987年 京都大学博士学位取得, 同年 愛媛大学工学部准教授, 1997年 愛媛大学工学部教授, 2009年 愛媛大学副学長・理事, 2012年 愛媛大学副学長理事, 同年 愛媛大学防災情報研究センター長, 工学博士．

主な著書
Yatabe, R., Bhandary, N.P. and Bhattarai, D. (eds) (2005) *Landslide Hazard Mapping along Major Highways of Nepal: a reference to road building and maintenance*, Ehime University and Nepal Engineering College, 190p.

主な論文
Bhandary, N.P., Dahal, R.K., Timilsina, M. and Yatabe, R. (2013) Rainfall event-based landslide susceptibility zonation mapping, *Natural Hazards*, 69(1), pp.365-388.
Bhandary, N.P., Yatabe, R., Dahal, R.K., Hasegawa, S. and Inagaki, H. (2013) Areal distribution of large-scale landslides along highway corridors in central Nepal, *Georisk*, 7 (1), pp.1-20.
矢田部龍一・ネトラ P. バンダリ・岡村未対（2007）蛇紋岩地すべりの発生機構に対する地盤工学的検討, 粘土科学, 46(1), pp.16-23.
矢田部龍一・ネトラ P. バンダリ・岡村未対（2006）自然斜面の安定問題における土の強度試験活用の現状と課題, 土と基礎, Vol.54(10), No.585, pp.15-17.

山下 研（やました けん）　7章

略歴および現職
1983年 青山学院大学理工学部卒, 同年 新潟県庁入庁, 1999年 酸性雨研究センター（現アジア大気汚染研究センター）主任研究員, 2004年 新潟県県民生活・環境部環境対策課副参事, 2009年 新潟大学博士学位取得, 2010年 酸性雨研究センター企画研修部長, 2012年 新潟県保健環境科学研究所参事・情報調査科長, 2015年 アジア大気汚染研究センター情報管理部長, 2018年〜現在 アジア大気汚染研究センター企画研修部長, 学術博士．

主な著書
Yamashita, K.and Honda, Y. (2017) Chapter 19: Climate Change and Air Pollution in East Asia: Taking Transboundary Air Pollution into Account *in Climate Change and Air Pollution, The Impact on Human Health in Developed and Developing Countries*, edited by Akhtar, R. and Palagiano, C., Springer Verlag, 2017, pp.309-326.

主な論文
Chen, F., Yamashita, K., Kurokawa, J. and Klimomt, Z. (2015) Cost-Befit Analysis of Reducing Premature Mortality Caused by Exposure to Ozone and PM2.5 in East Asia in 2020. *Water, Air, and Soil Pollution*, 226(4), DOI 10.1007/s11270-015-2316-7
Nawahda, A., Yamashita, K., Ohara, T., Junichia, K. and Yamaji, K. (2013) Evaluation of the Effect of Surface Ozone on Main Crops in East Asia: 2000, 2005, and 2020, *Water, Air, and Soil Pollution*, 224:1537.
山下 研, 伊藤史子（2009）アジア地域における窒素酸化物の排出による酸性雨の生態系への影響, GIS －理論と応用, 17(1).
Yamashita, K., Ito, F., Kameda, K., Holloway, T. and Johnston, M. (2007) Cost-effectiveness analysis of reducing the emission of nitrogen oxides in Asia, *Water, Air, and Soil Pollution*: Focus, pp.357-369.

吉川 夏樹（よしかわ なつき）　5章

略歴および現職
2006年 東京大学農学生命科学研究科博士課程修了, 同年 新潟大学災害復興科学センター着任（特任助手）, 2011年 新潟大学農学部准教授, 農業農村工学会会員, 土木学会会員, 水文水資源学会会員, 博士（農学）.

主な著書

有田博之・木村和弘・吉川夏樹（2013）未来につなげる圃場の形成－ GIS を用いた耕地の区画整理計画－，農林統計出版，196p.

主な論文

Yoshikawa, N., Nagao, N. and Misawa, S. (2009) Evaluation of the flood mitigation effect of a Paddy Field Dam Project, *Agricultural Water Management*, 97(2), pp.259-270.

Yoshikawa, N., Obara, H., Ogasa, M., Miyazu, S., Harada, N. and Nonaka, M. (2014) 137Cs in irrigation water and its effect on paddy fields in Japan after the Fukushima nuclear accident, *Science of the total environment*, 481, pp.252-259.

佐藤太郎・二村健一・水津未穂・川上峻司・吉川夏樹・有田博之（2015）地すべりにより被災した棚田の復旧－ GIS とレーザプロファイラを活用した等高線型区画整理の計画－，日本地すべり学会誌，51(5)，pp.195-200.

Miyazu, S., Yasutaka, T., Yoshikawa, N., Tamaki, S., Nakajima, K., Sato, I., Nonaka, M. and Harada, N. (2016) Measurement and estimation of radiocesium discharge rate from paddy field during land preparation and mid-summer drainage, Journal of *Environmental Radioactivity*, 155-156, pp.23-30.

書　名	**防災・環境のための GIS**
コード	ISBN978-4-7722-7147-9　C3055
発行日	2018 年 8 月 15 日　第 1 刷発行
編著者	山岸宏光 Copyright ©2018　　YAMAGISHI Hiromitsu
発行者	株式会社古今書院　橋本寿資
印刷所	三美印刷株式会社
製本所	三美印刷株式会社
発行所	**古今書院** 〒 101-0062 東京都千代田区神田駿河台 2-10
電　話	03-3291-2757
ＦＡＸ	03-3233-0303
振　替	00100-8-35340
ホームページ	http://www.kokon.co.jp
	検印省略・Printed in Japan

いろんな本をご覧ください
古今書院のホームページ

http://www.kokon.co.jp/

★ 800点以上の**新刊・既刊書**の内容・目次を写真入りでくわしく紹介
★ 地球科学やGIS，教育など**ジャンル別**のおすすめ本をリストアップ
★ **月刊『地理』**最新号・バックナンバーの特集概要と目次を掲載
★ 書名・著者・目次・内容紹介などあらゆる語句に対応した**検索機能**

古今書院

〒101-0062　東京都千代田区神田駿河台 2-10
TEL 03-3291-2757　　FAX 03-3233-0303
☆メールでのご注文は order@kokon.co.jp へ